THÉORIE

DES JARDINS.

C'est l'art de la Nature.

Préface, Page I et suiv.

THÉORIE DES JARDINS,

O U

L'ART DES JARDINS

DE LA NATURE.

SECONDE ÉDITION, revue par l'Auteur, enrichie de Notes, et suivie d'un Tableau Dendrologique, contenant la Liste des Plantes ligneuses indigènes et exotiques acclimatées, etc. etc.

PAR J.-M. MOREL,

Ancien Architecte, Membre ordinaire de la Société d'Agriculture, de Botanique et des Arts utiles du département du Rhône, et de l'Athénée de Lyon.

> Il entretint les Dieux, non point sur la fortune,
> Sur ses jeux, sur la pompe et la grandeur des Rois ;
> Mais sur ce que les champs, les vergers et les bois
> Ont de plus innocent, de plus doux, de plus rare.
> LA FONTAINE. *Fable de Philémon et Baucis.*

TOME PREMIER.

A PARIS,

CHEZ LA Ve PANCKOUCKE, Imprimeur-Libraire, rue de Grenelle, N° 321, faubourg Saint-Germain, en face de la rue des Sts.-Pères.

AN XI. — 1802.

A MADAME

BONAPARTE.

MADAME,

Vous aimez les scènes qu'offre la Nature ; vous êtes familière avec les brillantes productions dont elle colore et enrichit ses tableaux. Parmi les arts de goût et d'imagination que vous affectionnez, vous distinguez celui qui apprend à ordonner ces scènes, à distribuer ces tableaux pour le charme des sens, de l'esprit et du cœur.

C'est sous vos auspices que devait reparaître le Traité qui développe les principes de ce bel art, dont l'objet est de procurer des jouissances pures, douces, paisibles, et qui ne lassent jamais. Sous ce rapport, le livre de la Théorie des Jardins de la Nature peut avoir quelque droit à votre attention.

Agréez, MADAME, l'hommage que l'Auteur vous fait de cet ouvrage, comme un faible tribut de sa vive reconnaissance et de son profond respect.

MOREL.

PRÉFACE.

La première édition de la Théorie des Jardins, imprimée en 1776, fut bientôt épuisée. Je n'ai rien à en dire ; le Public l'a jugée. Je lui présente aujourd'hui cette seconde édition, à laquelle j'ai donné toute l'attention dont je suis capable. J'y ai de plus ajouté des notes que j'ai cru utiles ; quoique nombreuses, il n'en est aucune qui n'ait pour objet ou d'éclaircir le texte, ou de donner aux principes des développemens propres à aider l'artiste dans ses compositions, ou de lui faciliter les moyens d'exécution. J'ai tâché de ne rien négliger de ce qui peut concourir aux progrès de cet art, qui n'est autre que l'art de la Nature. En effet, dans ses procédés, cet art est nécessairement

*

soumis aux lois qu'elle s'impose ; il emprunte d'elle tous ses matériaux, et dans l'emploi qu'il en fait, il n'a d'autre but que de rendre ses effets par les moyens qu'elle met en œuvre : tout cela appartient plus à la nature qu'à l'art. Mais ce qui appartient à l'art seul, c'est la connaissance des matériaux dont elle se sert ; c'est le talent de les manier et de les arranger pour en composer des effets qu'elle avoue ; c'est enfin le goût qui distribue les tableaux et ordonne les scènes avec cette vérité qui fait le charme des yeux et l'agrément de la jouissance.

Habitans des campagnes, quel que soit l'objet qui y fixe votre séjour ; habitans des cités, quel que soit le motif qui vous attire aux champs et vous invite à les visiter, c'est à vous que j'adresse mon ouvrage ; c'est pour vous que je le composai ; c'est votre bien-être et vos plaisirs que j'avais en vue quand je confiais au papier ce fruit de mes veilles. Ai-je rempli la tâche que je me suis imposée ? Je l'ignore. J'espère du moins que vous ne dédaignerez pas mes efforts, et que vous me saurez quelque gré du motif qui m'a mis la plume à la main.

. L'art des jardins : je parle de cet art qui apprend à se servir des dons de la Nature sans en mésuser ; de cet art dont les productions, dirigées d'après les modèles qu'elle offre, attirent le regard en le flattant ; de cet art dont les effets sont assez puissans pour émouvoir le cœur et captiver l'ame : l'art des jardins de la Nature enfin, a dû se faire des partisans nombreux partout où il s'est introduit. A peine s'est-il fait connaître, que les écrivains les plus distingués se sont empressés d'en dévoiler les principes, et que des poëtes célèbres, inspirés par les productions de cet art enchanteur, ont revêtu ses préceptes des charmes du leur.

Eh ! quoi de plus digne en effet d'échauffer la verve, d'enflammer l'imagination, d'agrandir les pensées, que les beautés de la Nature ! Quelle richesse, quelle majesté dans l'ensemble de ce magnifique spectacle ! Que de charmes, que de graces dans ses plus petits détails ! Est-il quelque objet attrayant qu'il n'embrasse ? Est-il quelque sentiment intéressant qu'il n'excite ? Aussi tous les artistes anciens et modernes ont-ils puisé dans cette intarissable source leurs descriptions les plus brillantes et leurs images les plus sublimes. Les peintres, les sculpteurs, et surtout les poëtes, y ont pris leurs modèles ; les Homère, les Virgile, les Milton, les Tasse, tous enfin ont embelli leurs chefs-d'œuvres des tableaux dont la

Nature leur a fourni la composition, le dessin et les couleurs. Si Thompson et St-Lambert en peignant les *Saisons*; si Roucher dans le *Poëme des mois*; si tous les beaux génies qui ont copié la Nature eussent enseigné l'art de réaliser les scènes dont leurs productions sont enrichies, ils auraient réuni le précepte à l'exemple, et ne m'auraient rien laissé à dire sur l'art des Jardins de la Nature.

Cet art délicieux a été l'objet de quelques Poëmes didactiques qui jouissent d'une réputation méritée. L'Angleterre a fourni celui de Masson; la France celui de Delille, dont il suffit de nommer l'auteur; il en est un autre de Marnesia sous le titre de *la Nature champêtre*.

Le poëme de MASSON, plein d'intérêt et de sensibilité, indique à l'artiste jardinier la véritable route qui mène au but. Presque tous les préceptes qu'il donne sont fondés sur le goût le plus pur, sur les principes les plus vrais, et supposent dans l'auteur un sentiment délicat et une profonde connaissance de l'art. Je passerai légérement sur quelques détails minutieux qui laissent peu de prise à la poësie et qui sont inutiles à l'art ; ces taches sont légères et en petit nombre. L'auteur, dit-on, n'était pas lui-même content de ces détails, et les eût effacés s'il en eût eu le tems ; mais on s'arrêtera avec plaisir sur le touchant épisode du 4me chant de ce poëme, qui amène ingénieusement la description des différentes scènes d'un jardin. Il y trouve l'occasion de motiver les fabriques qu'il y introduit, de fixer leur place, de tracer leur forme et de déterminer leur caractère. Mais on regrette que ses principes ici ne soient pas aussi purs qu'ils le sont ailleurs. Après avoir donné l'exclusion à l'art magnifique des Vitruve, des Palladio, des Scammozi ; après avoir condamné les ornemens superflus et de fantaisie ; après avoir rejeté avec raison le mélange de bâtimens qui appartiennent par leur caractère à différens siècles, à différens pays ; après avoir posé les sages préceptes fondés sur le goût et la raison, cet auteur élève la cellule de l'hermite ; il déguise l'habitation du fermier sous la forme d'une forteresse, le colombier sous celle d'une tour antique ; il cache les étables, les écuries derrière des arcs-boutans dont la projection ne présente qu'une grosse masse de pierres entassées. Enfin il chasse la laiterie de ses jardins, ou veut qu'elle ne s'y présente que sous les ruines d'une ancienne abbaye.

Indépendamment des lois rigides de la convenance, violées par ces décevantes enveloppes, l'auteur met en contradiction les principes qu'il établit et les exemples qu'il donne ; car rien ne tient plus à la fantaisie, au caprice dont il blâme la manie, que ces trompeuses décorations, ces simulacres de bâtimens. Rien d'ailleurs n'est plus opposé aux lois de l'architecture et n'est moins autorisé par celles de l'art des jardins. Il est bon de remarquer que quand cette discordance entre la forme extérieure et l'objet auquel un bâtiment est destiné n'est pas le résultat d'une fantaisie sans motif, elle suppose toujours, ou une fabrique hors de la place qui lui convient, ou un défaut de goût et de jugement dans celui qui le masque sous une forme qui lui est étrangère. Tout bâtiment placé pour être aperçu et pour jouer un rôle, doit se présenter avec le caractère qui lui est propre ; et ce caractère peut, quel qu'il soit, obtenir, du crayon de l'artiste qui le projette, de l'agrément et de la grace sans qu'il soit nécessaire de l'altérer.

Je m'appesantirais moins sur cet objet, s'il n'était à craindre que le mérite de l'ouvrage et la réputation de l'auteur ne séduisît le lecteur ou le jeune artiste.

Je citerai peu de passages de ce poëme. Ce que j'en vais extraire est tiré de la traduction en prose qu'en a faite un Anglais, amateur éclairé de l'art des jardins, et qui avait créé celui de Prunay sur la côte de Marly. Voici, d'après cette traduction, les conseils que donne le Poëte dans le premier chant :

  ,, S'il te reste encore un doute sur

,, la manière dont il faut toucher les

,, traits négligés de la Nature, cours

,, étudier les dessins corrects des grands

,, maîtres, qui, dans l'immense variété

,, de ses ouvrages, ont su choisir les

,, parties les plus belles et les plus

,, hardies, et les arranger ensuite, de

,, manière qu'elle approuve encore ce
,, qu'elle-même a inspiré. L'uniformité
,, fatigante, le dessin sans objets, et la
,, petitesse raffinée, n'existent point
,, dans leurs productions immortel-
,, les ; mais les grands contrastes, les
,, lignes négligées, dont les formes
,, toujours variées donnent du mou-
,, vement et de l'ondulation au cane-
,, vas, rapportent encore ces scènes à
,, la Nature. ,,

Dans le chant troisième, après avoir présenté d'excellens préceptes sur l'emploi des eaux dans un jardin, l'auteur a le bon esprit de donner le conseil de s'en passer, si, pour en obtenir lorsque la Nature en refuse, les dépenses excèdent les agrémens.

,, Mais si tes sources te refusent cette
,, heureuse abondance, fortifie ton ame
,, de l'orgueil d'un stoïcien, et méprise
,, des charmes imparfaits. La beauté

„ comme la vertu dédaigne la vile mé-
„ diocrité. „

Tout en parlant des ruines antiques et de ces fabriques qui tendent à imiter d'anciens monumens, trop multipliés dans les jardins d'Angleterre, et pour lesquelles l'auteur a en général un grand penchant, il lui échappe néanmoins dans le quatrième chant, cette sage réflexion :

„ C'est ainsi que l'imagination, se
„ précipitant follement en avant, nous
„ entraîne sans cesse de siècle en siè-
„ cle, de climats en climats, jusqu'à ce
„ que, blasés et fatigués, nous don-
„ nions, comme Villario, la préfé-
„ rence à un champ naturel. „

DELILLE, à qui la langue des Muses est si familière, a aussi développé en vers harmonieux les préceptes de l'art des jardins. Par des conseils judicieux et des principes raisonnés, il dirige les pas de l'artiste qui s'engage dans la carrière. Toutes les règles qu'il donne sont claires et fondées sur le goût et le sentiment ; tous les effets qu'il peint sont présentés dans la plus exacte vérité , et dessinés avec autant de grace que de netteté. Il manie en maître les matériaux de la Nature. Le terrain , les eaux , les rochers , les bois , les gazons , les fleurs obéissent à sa voix , et viennent , sous sa plume , composer les tableaux les plus frais , les aspects les plus rians , les perspectives les plus pittoresques. Ici, c'est le Lorrain ; là , c'est le Berghem.

Eh ! comment l'amant des charmes de la Nature , le chantre des jardins qui prennent ses beautés pour modèle ; comment le peintre qui a su les présenter sous des couleurs si brillantes ; comment, dis-je, après leur avoir rendu un hommage si pur , va-t-il prodiguer son encens au genre fastidieux des jardins de l'art, leur plus grand ennemi, usurpateur insigne qui, après avoir chassé la Nature de son domaine, a eu l'audace de se mettre à sa place?... Oui, Delille, je t'en fais ici le reproche mérité ; tu as chanté sur le même ton les charmes du jardin de la Nature et la froide décoration du jardin symétrique ; tu as osé associer dans le même cadre les graces naïves de l'innocente et pudique bergère, avec les appas affétés et artificiels de la fastueuse coquette.

Delille aime les statues, les vases, les bronzes, le marbre ; il vante en vers pompeux les jets-d'eau, les cascades artificielles, et croit justifier les éloges qu'il donne à ces fastidieux efforts de l'art, par le sentiment de surprise qu'ils causent, et par l'orgueil qu'ils inspirent à l'être qui les créa. La surprise et l'orgueil ! Sont-ce donc là les sentimens que les arts de goût et d'imagination doivent faire naître ? Voici comme il s'explique :

» A l'aspect de ces flots qu'un art audacieux
» Fait sortir de la terre et lance jusqu'aux cieux,
» L'homme se dit : « c'est moi qui créai ces prodiges.»
» L'homme admire son art dans ces brillans prestiges.»

Eh ! que sont les plus grands efforts de l'homme au prix des plus simples, des plus ordinaires combinaisons de la Nature ! Il faut pourtant en convenir, cet auteur hésite, il n'ose décider entre Kent et Lenôtre.

Mais celui qui a dit :

» Les Rois sont condamnés à la magnificence, »

ne pouvait pas balancer long-tems. Bientôt entraîné par les charmes irré-sistibles de la Nature, que chérit tout artiste qui joint le goût à la sensibilité, ces charmes ont bien vîte reconquis leur empire sur le cœur du poëte. Dans mille endroits de son ouvrage, l'auteur les loue et se montre leur admirateur; il manifeste hautement la préférence qu'il donne aux jardins embellis par la seule Nature sur ceux qui recherchent les formes calculées , et ont recours aux arts de luxe et à la richesse des matières.

» Tombez devant cet art, fausse magnificence. »

C'est ainsi qu'il s'énonce après avoir mis en parallèle l'un et l'autre genre. Quand il a décrit en vers brillans la magnificence des jardins de Versailles, il dit ingénument dans son premier chant :

» Mais l'esprit aisément se lasse d'admirer. »

Dans un autre endroit il s'explique plus positivement :

» Des ornemens de l'art l'œil bientôt se fatigue ;
» Mais les bois, mais les eaux, mais les ombrages frais,
» Tout ce luxe innocent ne fatigue jamais. »

Faisant ensuite allusion aux deux genres de jardin, il ajoute :

> » J'applaudis l'orateur dont les nobles pensées
> » Roulent pompeusement avec soin cadencées ;
> » Mais le plaisir est court ; je quitte l'orateur,
> » Pour chercher un ami qui me parle du cœur. »

Dans le premier chant, où il parle du
mouvement des terrains, le Poëte dit :

> » Il fut un tems funeste, où tourmentant la terre,
> » Aux sites les plus beaux l'art déclarait la guerre ;
> » Et comblant les vallons, et rasant les côteaux,
> » D'un sol heureux formait d'insipides plateaux. »

Fatigué et las de la monotonie des jardins réguliers, il dit encore :

> » Riche variété, délice de la vue,
> » Accours, viens rompre enfin l'insipide niveau ;
> » Brise la triste équerre et l'ennuyeux cordeau. »

Je ne finirais pas s'il fallait citer tous
les éloges qu'il donne aux jardins de
la Nature, et nombrer tous les traits
qu'il lance contre les jardins traités
d'après les règles de la symétrie.

Quoique plus heureux que Masson dans le choix des fabriques propres à caractériser un site, à faire valoir une perspective, Delille n'est pourtant pas sans reproche à cet égard. Il ne conseille pas, à la vérité, de masquer un bâtiment sous une enveloppe étrangère à sa destination ; mais il admet les urnes, les tombeaux, les temples, les églises ; il propose des ruines, un fort, une abbaye antique ; il conseille un élysée, une cabane de pêcheur, et même une serre chaude, qui n'a jamais prétendu à l'honneur de faire fabrique.

Comment toutes ces fabriques, si différentes de genre, de caractère, d'expression, peuvent-elles trouver place dans un jardin, si son genre ne les y appelle ? dans un site, si le caractère ne le comporte ? Il eût donc dû auparavant déterminer les lieux, les circonstances. Cette attention aurait fourni au poëte

2*

l'occasion de parler de la partie de l'art la plus difficile et la plus délicate, et lui eût ouvert un vaste champ ; mais il ne l'a pas fait, quoiqu'il paraisse en avoir senti la nécessité par le vers suivant :

» Motivez donc toujours vos divers édifices. »

Voilà bien le précepte ; mais où en est l'application ? l'auteur ne la fait nulle part. Aucune des fabriques qu'il propose n'est justifiée par son analogie avec le lieu où elle doit figurer. Il ne les fait jamais concourir avec le caractère de la scène, ni avec le genre de jardin. Il parle de leur expression, des sentimens qu'elles font naître, des idées qu'elles rappellent, et oublie la convenance qu'elles doivent avoir avec la scène où il leur fait jouer un rôle.

Cependant un objet qui n'appartient point à la Nature ; un objet étranger à ceux qu'elle met en œuvre dans ses compositions, dont les formes sont diamétralement opposées à celles qu'elle affecte, un objet qui, tout d'invention humaine, ne tire les impressions qu'il exerce sur nos sens et notre esprit que des relations qu'il a avec nos besoins, notre goût et même nos fantaisies ; un tel objet ne devrait-il pas , avant de prendre place dans un tableau, avant de s'associer à un site quelconque , ne devrait-il pas, dis-je, être envisagé sous toutes ses faces, dans tous ses rapports, et soumis à une multitude de considérations qui sont presque toujours négligées ?

Si les vrais principes sur lesquels sont établies les relations entre les fabriques et les tableaux de la Nature, ont été jusqu'ici peu approfondis ; si même ils sont ignorés de la plupart de ceux qui font de l'art des jardins leur principale occupation , nous devons pardonner aux Poëtes de les avoir traités superficiellement. Mais, d'un autre côté, il faut convenir que nous devons à leurs éloquentes descriptions de nous avoir fait sentir vivement les beautés et les graces de la Nature ; en enveloppant leurs leçons des charmes de la poësie, Masson et Delille ont échauffé l'artiste jardinier et ont souvent guidé son crayon.

MARNÉSIA a donné au Public un Poëme sur *la Nature champêtre*. Quoique, sous ce titre, l'ouvrage ne paraisse pas positivement avoir l'art des jardins pour objet principal ; cependant il en parle assez pour qu'on doive le comprendre dans la classe des poëtes qui ont écrit sur cette matière. Il existe, en effet, entre la nature champêtre et les jardins de la Nature, de grands rapprochemens. Tous les deux ont un but commun, les beautés et les charmes de la campagne ; mais le premier se contente de

les décrire et de les admirer, l'autre
enseigne l'art qui les procure et en fait
jouir. Aussi trouve-t-on dans ce Poëme
plus d'exemples que de préceptes, plus
de conseils que de règles ; mais il est
plein de tableaux aimables et bien choisis, ainsi que de charmantes descriptions. Un goût fin et délicat guide presque toujours la plume du poëte ; il est
heureux dans le choix des sujets et
agréable dans ses peintures. Partout il
montre un penchant décidé pour la vie
champêtre dont il vante le bonheur ;
partout il apprend à l'aimer, il en décrit les plaisirs, il peint les jouissances
qu'elle procure avec les couleurs les
plus vives et les plus séduisantes. Cette
production inspirée par le goût de la
belle nature, remplie d'images et de
sentimens, échauffe l'artiste jardinier ;
il y puisera même d'utiles leçons : telle
est celle-ci entre autres, si vraie et si

peu suivie :

» . . . . L'art en se voilant sous les mains du génie,
» Pour nous charmer toujours, veut toujours qu'on l'oublie.

Telle est cette autre tirée du chant IIIe :

» Les efforts du travail, cachés sous l'apparence
» De la nature libre et de la jouissance,
» Y plaisent d'autant plus qu'on les soupçonne moins ;
» Les laisser ignorer, c'est embellir ses soins.
» Mais avant de créer, interrogez la terre ;
» Observez, méditez, suivez son caractère :
» Guide certain, par lui laissez-vous inspirer.
» Vous devez l'embellir, et non pas l'altérer. »

Ouvrez le chant V^e, et vous y lirez encore une excellente leçon. L'auteur la fait donner par la Nature : il s'exprime comme elle l'eût fait elle-même :

» . . . . Ecoutez la Nature,
» Je l'entends qui vous dit : « Homme faible et borné,
» Trop heureux de jouir, pour créer es-tu né ?
» Pygmée audacieux, tu crois dans ton délire,
» Te jouer de mes lois et braver mon empire ;
» Tu veux briser les rocs dont s'offense ton œil ;
» Ils repoussent ton or, ton fer, et ton orgueil.
» Tes pénibles efforts soulèvent-ils l'arène ?
» Un mont factice et nain déshonore la plaine.
» D'un fleuve desiré tu creuses le canal,
» Et tu fais regretter le limpide crystal,

» Le mouvement pressé de ces eaux fugitives,
» Qui de vie et de frais enrichissent leurs rives.
» Mes trésors sont épars ; et, riche en tous les lieux ,
» Je présente partout des beautés à tes yeux.
» Vouloir les transporter , c'est vouloir les détruire.
» Sache m'étudier, et je saurai t'instruire. »

Rien de plus vrai, de plus exact que les principes et les conseils consignés dans ces vers. On en rencontre encore d'autres aussi lumineux et aussi sages dans le texte. Il y en a plusieurs dans les notes qui mériteraient d'être cités si je ne craignais d'être trop long. Je me contenterai d'indiquer celles qui renferment des conseils utiles.

Notes du premier chant , *page* 19 :

» Dans les jardins tracés par de savans compas. »

Page 21 :

« Qui d'un vaste jardin formerait un poëme. »

Pag. 25 :

« Et l'imitation n'être pas naturelle. »

Notes du 2ᵉ chant, *page* 62 :

« Lenôtre n'avait pas leur génie inventeur. »

Page 63 :

« Il sut tracer un plan et non pas un tableau. »

Notes du 4ᵉ chant, *page* 121 :

« Des couleurs du poëte il orne la raison. »

Dans la Préface de ce Poëme l'auteur remonte jusqu'à l'origine des jardins. Après quelques réflexions sur l'influence qu'ont dû avoir les mœurs et les lois des peuples anciens sur leurs genres de jardins, il suit les progrès de cet art, et arrive par degrés à l'époque où les jardins de la Nature ont pris naissance; puis il passe en revue les auteurs qui ont écrit sur ce genre, et dans le nombre il cite la *Théorie des jardins*, qu'il loue et qu'il critique. Les louanges et les critiques de cet estimable auteur m'ont également affecté, par l'opinion que son Poëme m'a fait prendre de son goût et de ses lumières. J'ai relu avec attention la partie de mon ouvrage sur laquelle portent ses observations, et il m'a semblé que je n'avais pas autant de tort qu'elles en laissent soupçonner. J'ai cru entrevoir , en réfléchissant sur les doutes que l'auteur propose, qu'il n'a pas imaginé que l'art des jardins, ainsi que tous les autres, avait différens genres ; ou du moins il n'a pas senti combien cette division était essentielle et nécessaire à l'instruction ; il n'a donc pas senti non plus tout ce que cette division présentait de difficultés à celui qui avait à développer les principes d'un art qui, chez nous, est si nouveau, que ni ses productions ni l'artiste qui le professe , n'ont pas encore obtenu dans notre langue un nom qui les distinguât du légumier et de celui qui cultive.

Persuadé que mes réponses aux objections que m'a faites dans sa Préface l'auteur du Poëme sur la *Nature champêtre* , peuvent jeter quelques lumières

sur les principes de l'art, je vais transcrire ces objections, et y répondre à
mesure que je les présenterai.

« Après un tribut d'éloge, si légiti-
,, mement dû, m'est-il permis de pro-
,, poser à M. Morel quelques doutes ?
,, Je ne sais pas si les définitions qu'il
,, donne des caractères différens des
,, sites sont toujours bien exactes. Il
,, me semble qu'il dénature quelque-
,, fois le sens des mots qu'il emploie ;
,, et pourtant c'est surtout dans un livre
,, élémentaire qu'on doit éviter de con-
,, fondre les idées. Peut-être aussi les
,, distinctions que fait M. Morel entre
,, le *Pays*, le *Parc*, le *Jardin* et la *Ferme*
,, sont-elles un peu arbitraires. ,,

J'aurais desiré que l'auteur, en me
faisant ces trois reproches, eût cité les
définitions inexactes, les mots dont le
sens est dénaturé, et eût fait connaître
ce qu'il y a d'arbitraire dans la distinc-

tion que j'ai donnée des genres. Ne l'ayant pas fait, il m'est difficile de me disculper et de me justifier sur ces reproches. Les questions qu'il me fait à la suite, sur les bornes que je donne à ce qu'il appelle le *Pays*, ne sont pas suffisantes pour démontrer que mes définitions soient arbitraires. Je crains que l'auteur ne leur ait donné qu'une attention superficielle. Ce qui le prouverait, c'est qu'il prend dans son acception commune l'expression *Pays*, dont je me sers pour déterminer un de mes genres de jardin. Il n'a pas pris garde que jai restreint cette expression en la rendant technique ; et que, indépendamment des éclaircissemens que j'ai donnés pour fixer l'idée que j'y attache, j'ai eu le soin, pour éviter l'équivoque, d'employer les caractères italiques toutes les fois que je me suis servi de ce mot dans ce sens.

Suivons à présent les questions de l'auteur, et les conséquences qu'il en tire.

« Quelles bornes donne-t-il à ce qu'il
» appelle un pays ? Il ne le dit point ;
» en effet, elles ne seraient pas aisées
» à poser. »

On voit clairement, par cette question même, que l'auteur n'a pas pris le mot *Pays* dans l'acception sous laquelle je le présente. Je n'ai pas défini le genre en question en l'appelant un pays, mais bien un genre de jardin que j'appelle *du pays*; ce genre est celui dont le jardin présente dans son aspect non-seulement les tableaux que l'art y a introduits, mais encore tous ceux qui lui sont extérieurs et auxquels le jardin peut s'associer. Cela est bien différent du pays. Continuons les questions de l'auteur.

« Comme le mot semble l'exiger, les

„ porte-t-il (les bornes) à plusieurs
„ lieues de la demeure du proprié-
„ taire ? Les Rois pourront à peine
„ faire reconnaître leur empire sur
„ un espace très-étendu. „

„ Comme le mot semble l'exiger „
dit l'auteur ; ce qui prouve encore qu'il
n'a pas saisi le sens que j'ai attaché à
ce mot. J'ajouterai à ce que j'ai déjà
dit, que si l'auteur avait jeté les yeux
sur les détails qui expliquent ce qui
appartient à chacun des genres en particulier, il aurait vu, dans ceux qui
regardent le genre du jardin du *Pays*,
que le manoir, dans ce genre de jardin,
n'est lui-même qu'un accident dans l'ensemble, et qu'aucun des effets ne s'y
rapporte essentiellement. C'est-là un
des caractères qui distingue ce genre
des trois autres, dans lesquels le jardin
suppose un manoir et une propriété
qui lui est attachée , et conséquem-

ment des bornes circonscrites. Ceci sera rendu plus clair à la fin des observations.

L'auteur continue, et dit :

« S'il les resserre beaucoup (ces bor-
» nes) , sa composition ressemblera
» plus à une carte géographique qu'à
» une contrée favorisée par la Nature
» et embellie par les soins et l'intelli-
» gence de ses habitans. »

Je ne sais pas ce qu'un jardin peut avoir de commun avec une carte géographique. Quelle ressemblance peut-il jamais y avoir entre le tableau que présente un jardin, quelle que soit sa dimension, et un plan topographique ? et si l'on pouvait confondre ces deux objets, je demanderais quelle étendue l'auteur fixe à une contrée pour cesser d'être un *pays* et devenir une *carte géographique*.

Je présume que quand l'auteur écrivait cette phrase, il avait présent à l'esprit ces jardins anglais qui rassemblent dans un petit espace tous les accidens que la Nature produit, et à qui l'on a reproché en effet de ne représenter qu'une carte topographique d'un pays, réduite à une petite échelle. Mais je ne pense pas qu'on compare jamais les espèces de jardins d'un genre si puéril, avec le genre que j'ai appelé *jardin du Pays* qui leur est diamétralement opposé.

Continuons de laisser parler l'auteur.

« D'ailleurs, sous le nom générique ,, de jardin, on comprend tous les ob- ,, jets qui rendent, pour l'homme puis- ,, sant et riche, le séjour de la campa- ,, gne plus attrayant. »

Le séjour de la campagne, quand elle est agréable, est tout au moins aussi attrayant pour le simple particulier que pour l'homme riche et puissant, qui, le plus ordinairement, est moins sensible aux charmes négligés de la Nature, et qui, le plus souvent, corrompt par ses moyens, ce qu'elle a de plus intéressant et de plus aimable.

L'auteur termine ses observations par cette phrase :

« Aussi dans les jardins considéra-
» bles se trouvent des Parcs, des Fer-
» mes, des Potagers, que le goût a
» réunis, et dont il est parvenu à faire
» un ensemble dont on croit que la
» Nature a presque tracé seule le
» dessin. »

Je ne sais d'abord si, par cette épithète « considérables », l'auteur détermine un genre de jardin, ou s'il n'admet de jardins que ceux qui sont *considérables*. Je ne comprends pas non plus comment il est possible de réunir des Parcs, des Fermes, des Potagers pour en composer un jardin ; ce serait assurément un bisarre assemblage. Et puis, comment la Nature seule semble-t-elle avoir tracé des fermes et des potagers qui sont évidemment des productions de l'art, lesquelles doivent leur existence et leurs formes au besoin et à l'industrie humaine, et non à la Nature?

Si, toutes faibles qu'elles sont, les objections de cet auteur ingénieux pouvaient laisser quelqu'incertitude sur la définition que j'ai donnée du genre que j'ai appelé jardin du *Pays*; (car c'est sur ce genre seul que portent toutes ses objections;) pour dissiper les doutes à cet égard, je renverrais au texte de la Théorie des jardins, (Chap. XI, DU PAYS), dans lequel j'ai donné la description du jardin d'Ermenonville et celle du jardin de Launay : deux jardins que je classe dans le genre du *Pays*. Celui d'Ermenonville est vaste et varié; il est composé de différens sites; il a des forêts, des vallons, des vallées, des côtes, de grandes pièces d'eau. Ici, il est frais et riant ; là, il est aride et sauvage. Celui de Launay, au contraire, est de peu d'étendue, et n'offre qu'un vallon. Ce jardin ne comprend en lui-même qu'une superficie de dix arpens à peu près, mais il s'unit avec le vallon où il est situé, et dans cette liaison il offre en aspect une étendue de 500 arpens au moins. Le jardin et le vallon sont si intimement assimilés, que l'un et l'autre ne forment qu'un ensemble dont les bornes sont le sommet des côtes qui terminent l'horizon, bornes que la Nature a posées elle-même. Je doute qu'à l'aspect de ce jardin Marnésia eût demandé où je fixais ses bornes, ou qu'il l'eût pris pour une *carte de géographie.*

Lorsqu'un jardin s'associe avec le paysage qui l'environne, et que tous les deux font ensemble un tout identique, je l'appelle *jardin du Pays* ; c'est par cette association qui compose un tout et ne suppose pas de limites, que je distingue ce genre des trois autres, lesquels ont nécessairement des limites déterminées. Quoique leurs extrémités ne soient pas toujours aperçues, elles sont toujours censées existantes, parce que ces genres de jardins annoncent une propriété, et qu'il n'est aucune propriété qui n'ait ses bornes ou visibles ou voilées ; mais le jardin du genre du *Pays* ne suppose pas de propriété particuliérement affectée au manoir, qui, comme tous les autres bâtimens que le tableau général renferme, n'est qu'un accident du paysage. Ce genre de jardin n'a donc pas de bornes fixes, si ce n'est celles de l'horizon.

L'auteur du Poëme n'avait probablement pas l'opinion que cet art fût susceptible d'admettre des genres, ou du moins il est vraisemblable que les motifs sur lesquels je fonde la division que j'en ai donnée, et que les détails explicatifs, dans lesquelsje suis entré à cet égard, ont peu fixé son attention; il paraîtrait même, par la manière dont il s'explique quand il en parle, qu'il en fait peu de cas.

C'est cependant pour avoir oublié ou négligé cette division si essentielle des genres, que l'ouvrage de Marnezia pèche par la méthode ; et c'est ainsi qu'en général la plupart des préceptes répandus dans presque tous les ouvrages qui traitent de l'art, jettent, quoique bons en eux - mêmes, l'artiste ou l'amateur dans de grandes méprises. Aucun de ces écrivains, j'en excepte Wately, anglais, qui a fait un ouvrage sur l'art des jardins modernes, et l'auteur d'un Poëme ignoré dont je parlerai bientôt, aucun n'a parlé des genres ; tous ont donné des préceptes, aucun n'a établi les principes, parce qu'aucun n'a parlé de la convenance entre les objets, et ne les a appliqués au genre. En traitant des bois, des eaux, des rochers, du mouvement du terrain, des fabriques, nul n'a fait connaître quelle relation chacun de ces objets avait avec le genre de jardin. Nul n'a traité des nuances, des modifications que le genre exigeait. C'est de cet oubli, c'est de cette négligence, dirai-je, c'est de cette ignorance que sont nées ces productions invraisemblables, pleines d'incohérences, où tout est confusion ; ces jardins sans expression, sans caractère déterminé, et sans physionomie, qu'on trouve par tout, et qui ne plaisent qu'à celui qui les a faits.

Si dans la pratique de l'art on n'a pas égard au genre, les productions en seront désordonnées, les scènes sans liaisons, et les effets sans accords. Tous les jardins ne sont pas susceptibles de s'approprier tout ce que la Nature renferme; c'est le genre qui détermine le choix. Dans quel genre de jardin, en effet, fera-t-on entrer les vastes forêts, les hautes montagnes, l'aspect de la mer? où pourront se montrer les scènes imposantes de rochers, ces immenses cataractes, enfin, ces lointains à perte de vue, si ce n'est dans le jardin du genre du *Pays*, le seul qui puisse comporter les grands effets, les grands tableaux dont la Nature a varié la surface de la terre? Comment distinguera-t-on le simple jardin, l'asyle momentané du citadin qui n'a que quelques instans à donner à ses délassemens, jardin dont j'ai fait connaître l'objet et le genre sous le nom de *jardin proprement dit*; comment, dis-je, le distinguera-t-on du genre de celui que j'ai appelé le *Parc*, à qui il faut un local étendu, divers tableaux et plusieurs scènes ; qui admet de vastes pelouses, de grandes masses de bois, des eaux en grands volumes ; tandis que l'autre s'isole de tout ce qui l'environne, n'emprunte de la Nature que ce qu'elle offre de plus frais et de plus brillant, se contente souvent d'une scène unique, et ne demande que quelques bocages légers ? A quel genre de jardin, enfin, associera-t-on les cultures, les champs, dans lequel répandra-t-on les bestiaux, fera-t-on entrer un hameau, un toît rustique, une basse-cour, si ce n'est dans celui que j'ai désigné par le jardin *de la Ferme ?*

Eh quoi ! tous les arts qui tiennent au goût et à l'imagination, la Poësie, la Peinture, la Musique auront admis des genres, et l'art des jardins qui, comme tous ceux-là, tient au goût et à l'imagination, ne les admettrait pas ! Et pourquoi cet art, qui participe de toutes les modifications de son modèle, qui, aussi varié que lui, prend tous ses caractères ; pourquoi, dis-je, cet art qui s'empare de la Nature entière, à qui elle ne refuse aucune de ses richesses, ne serait-il pas, ainsi qu'elle, susceptible de se diviser en GENRES ?

Non, il ne suffit pas, pour composer un jardin avec succès, de faire usage de tout ce qu'offre la Nature, de tout ce que l'art imagine, il faut encore que chaque objet soit à sa place, et se présente sous la forme et dans l'exacte proportion qui conviennent au genre de jardin où il figure. C'est à savoir choisir, associer, distribuer que consiste le vrai talent. Sans ces connaissances, on mettra le caprice au lieu du goût et du vrai, la fantaisie à la place du raisonnement et du sentiment. En un mot, sans la distinction des genres, il n'y aura pour cet art ni principes, ni règles, ni composition.

Il a existé un autre Poëme *sur les jardins*, qui probablement ne verra jamais le jour. Il y a apparence que cet ouvrage, sorti de la plume du regrettable et trop infortuné ROUCHER, à qui nous devons le Poëme *des Mois*, a été englouti avec son auteur dans le gouffre du terrorisme. Je crois rendre service au Public en en donnant ici des extraits, tirés de quelques fragmens échappés à la fureur destructrice qui a anéanti tant de chefs-d'œuvres. Ces fragmens m'ont été confiés par son intime ami Guyot-Desherbiers, membre du Corps-législatif, qui, dans un discours public, a rendu hommage aux manes de ce grand citoyen si cruellement persécuté. On se souvient encore que ce discours, plein d'énergie et de sentiment, lu à la Société du Lycée

des étrangers (le 4 floréal an 5), fit répandre, à tous ceux qui l'entendirent,
des larmes sur le sort cruel de Roucher,
et les souleva d'indignation contre les
atroces persécuteurs qui avaient demandé sa tête et l'avaient poursuivie
avec un acharnement qui n'a cessé que
lorsqu'ils la virent tomber.

Il appartenait sans doute à celui
qui a si bien peint la Nature dans le
Poëme des Mois, de traiter un sujet où
elle joue le principal rôle. Aussi artiste que peintre, ce poëte n'a pas
promené ses idées dans le vague, ni
jeté ses leçons au hasard. Il a senti,
qu'ainsi que tous les beaux arts, celui-
ci avait différens modes ; il a prévu
que les jardins, offrant des jouissances
à tous les états, et dépendant du caractère du site dans lequel ils étaient placés, ne devaient pas être tous du
même genre. Il en a déterminé quatre,

à chacun desquels il a affecté un chant
de son poëme. Le premier chant est
destiné aux jardins des souverains et
aux jardins publics, qui en effet appartiennent au même genre. Le second a pour objet le jardin de la ferme;
le troisième le jardin propre à orner
des maisons de campagne ; le quatrième
traite sous la dénomination du PAYS ,
le jardin qui embrasse dans son ensemble tous les tableaux , tous les
effets que présente la Nature. Voici
comme il annonce ces quatre genres
à la tête de son poëme :

« Cédant au doux attrait de créer des jardins,
» Je dirai par quel art les heureux citadins,
» Le sage agriculteur, le noble, le monarque,
» Chacun fidèle au rang que le destin lui marque,
» Peut orner sa retraite ; et des bois et des eaux,
» En des cadres divers déployer ses tableaux.
» Qu'un autre à ses pensers en désordre se livre,
» J'offre à tous les états des modèles à suivre. »

Pour les jardins des palais et pour
ceux destinés au public, l'auteur donne

avec raison la préférence au genre de
Le Nôtre.

> » Artistes des jardins, tombez devant celui
> » Que dans Versailles même on insulte aujourd'hui ;
> » Rendez gloire à Le Nôtre, et l'adoptez pour maître.
> » Et quel autre en effet serait digne de l'être
> » Alors qu'il faut orner la demeure des rois ? »

Veut-il donner une idée de la majesté
des bâtimens qui convient à la magnificence des jardins de ce genre, il in-
voque Ovide créant le palais du Soleil.

> « Lorsqu'Ovide, emporté d'un vol audacieux,
> » Et créant au Soleil un palais dans les cieux,
> » En triomphe conduit à ces riches demeures,
> » Le grand astre entouré des siècles et des heures ;
> » Voyez comment ses vers hardis, pompeux, ardens,
> » Au-dehors ont prescrit de répondre au-dedans.
> » Bien loin du seuil encor, l'œil pressent et devine
> » L'éclat intérieur de la voûte divine.
> » Voilà votre modèle......... »

En jetant les yeux sur les vers suivans, on trouvera que l'auteur, dans les
motifs qu'il donne pour justifier les richesses qu'empruntent les jardins de
ce genre, est plus heureux que Delille

dans les motifs par lesquels il prétend justifier les jets-d'eau.

> « . . . . Oseriez-vous prétendre
> » Qu'un sol vaste , ordonné par un hardi compas ,
> » Sous l'air de la grandeur ne se présente pas ?
> » L'homme dans sa puissance aime à s'y reconnaître.
> » Il ne s'attendrit point, mais du moins il sent naître
> » Le profond mouvement de l'admiration
> » Dont Corneille environne une grande action. »

Comme il soumet au même genre les jardins publics et ceux des palais des Grands, communément ouverts au public , il décrit dans le même chant le quinconce des Champs-Elysées ; il le cite comme un bois enchanteur. Ce n'est peut-être pas là l'épithète qui lui convient. Tout en la louant , l'auteur avoue que cette plantation régulière ne rappelle dans son sein , que quand tout un peuple y circule.

> « C'est toi que j'en atteste , ô symétrique espace ,
> » Toi , qui , sous l'heureux nom de champs Elysiens,
> » Mêles un riche ombrage aux murs Parisiens.

» Où trouver, de l'aveu même de l'Angleterre,
» Un bois plus enchanteur suspendu sur la terre ;
» Un bois qui dans son sein rappelle plus souvent,
» Quand tout un peuple entier, tel qu'un tableau mou-
    » vant,
» Va, circule, revient, et paré de sa joie,
» Sur des tapis rians, folâtre et se déploie :
» Quand tout est confondu ; quand des jeux et des ris,
» Femmes, vieillards, enfans se disputant le prix,
» Boivent en paix l'oubli des chagrins de la vie ?
» Répondez ; quel mortel aurait la triste envie
» De refuser son ame au doux épanchement
» Qu'à ce bois régulier donne le mouvement ?
» Si du bonheur de tous il est jamais possible
» Que l'image vivante émeuve un cœur sensible ;
» Combien de ce spectacle, enchantés de jouir,
» Tous les cœurs généreux doivent s'épanouir !
» Il est, peuvent-ils dire, il est donc sur la terre
» Des lieux où le malheur ne vit point solitaire.
» Distrait par le présent de ses maux à venir,
» L'homme ici du passé n'a plus de souvenir. »

L'image est touchante, le sentiment est bien rendu ; mais privez ce riche ombrage de ce qui l'anime, placez-le loin des murs Parisiens ; le quinconce reste, et tout son charme s'évanouit. C'est ainsi qu'emportés par l'enthousiasme, les poëtes peignent des effets étrangers à l'objet que leur crayon a tracé, qu'ils l'oublient, et attribuent à la scène, qui ne lui est qu'accessoire, les charmes qu'y répandent les acteurs dont ils la peuplent ou les accidens qu'ils lui associent.

L'auteur, en fondant sur la décence la prédilection qu'il réserve au systême régulier pour la composition des jardins publics, a raisonné plus conséquemment : Ecoutons-le.

> « Artiste, un intérêt plus respectable encor
> » Vous défend de livrer les bois à leur essor ;
> » C'est l'intérêt des mœurs. Que l'agreste Nature
> » Ne répande jamais l'ombrage à l'aventure ;
> » Ou bien devant les Dieux vous serez accusé
> » Du crime que vos plans auront favorisé.
> » Ah ! ne lui prêtez point une ombre tutélaire ;
> » Que le soleil plutôt le poursuive et l'éclaire ;
> » Et que des bois ouverts gardant la profondeur,
> » Le jour, présent partout, commande la pudeur. »

S'il exige que, dans les jardins de ce genre, les arbres soient disposés dans un ordre symétrique, il veut qu'on leur conserve les formes que la nature leur a données. Voici comme il s'explique.

« Si des bois cependant le compas seul ordonne,
» A leur penchant natif du moins qu'on abandonne
» Les rameaux, le feuillage ; et qu'un art grimacier,
» Armé stupidement du monotone acier,
» Jamais ne les transforme en verte architecture.
» Même en la subjuguant respectons la Nature.
» Imitons ces héros , ces sages conquérans
» Dont le code, étranger au code des tyrans,
» Laisse aux vaincus leurs biens, leurs mœurs et leur
    » langage.
» Des préjugés enfin que le goût nous dégage ;
» D'une voix de mépris et d'un œil de dédain,
» Malgré Le Nôtre même, il bannit du jardin
» Ces portes, ces sallons, ces remparts de feuillage,
» Et ces arcs de triomphe érigés en treillage,
» Et ces bustes humains , ces groupes d'animaux
» De l'if pyramidal tourmentant les rameaux.
» Le Nôtre, en adoptant ces formes sans génie
» De ses nobles dessins détruisait l'harmonie,
» Il insultait un art dont il fut créateur. »

Non-seulement le poëte défend de mutiler les arbres dans aucun cas ; il rejette aussi ces jeux puériles d'animaux qui vomissent de l'eau , tels que ceux qui remplissaient le labyrinthe des fables à Versailles. Après avoir peint les effets d'eau produits par la nature, l'auteur exprime ainsi son dédain pour ceux que l'art a imaginés.

« Maintenant que seraient près d'un si grand tableau
» Tous ces frivoles jeux, ces caprices de l'eau,
» Qui, d'un goût dépravé, chefs-d'œuvres hydrauliques,
» Défigurent souvent les jardins italiques ;
» Et ce Versaille encor, je le dis à regret,
» Où l'art dans ses détails montre un luxe indiscret?
» Comment n'a-t-il point vu, ce célèbre Le Nôtre,
» Que sa gloire et Louis en exigeaient un autre ?
» Comment n'a-t-il point vu que ce peuple des airs,
» Ces monstres rugissans de terrestres déserts,
» Alors que d'un bassin l'onde est par eux lancée,
» N'accuseront jamais qu'une audace insensée.
» A l'art décorateur s'il les jugea permis,
» Vous, de la vérité, montrez-vous plus amis.
» Dans vos plus grands écarts vous modelant sur elle,
» Laissez-moi soupçonner sa beauté naturelle. »

Pour faire mieux sentir toute la magnificence, dont les jardins de ce genre sont susceptibles il décrit ces jardins fameux, à l'embellissement desquels Adrien fit contribuer l'univers connu.

4*

» Faut-il à vos regards offrir d'autres merveilles?
» De vingt siècles je puis vous étaler les veilles.
» Dans ses jardins fameux Adrien vous attend.
» Mais pourrez-vous saisir cet ensemble éclatant,
» Où près de Tivoli, sur un immense espace,
» La gloire d'Adrien vit encore, et surpasse
» Tout ce que l'Orient, aux jours de sa splendeur,
» Pour créer des jardins, prodigua de grandeur.
» De l'Univers conquis, là, toutes les provinces,
» Les temples de leurs dieux, les palais de leurs princes,
» Les divers monumens où triomphaient les arts,
» Où, peignant des héros les glorieux hasards,
» Le marbre au haut des airs élevait leurs victoires,
» Théâtres, açquéducs, bains, portiques, prétoires,
» Que sais-je? l'obélisque au front ambitieux,
» La pyramide encore allant chercher les cieux;
» La colonade au loin de bronze revêtue,
» L'eau d'une vaste mer par cent vaisseaux battue,
» Brillaient sans se confondre, ou par l'art imités,
» Ou d'un climat lointain chaque jour transportés.....
» Cependant qu'au milieu des cascades bruyantes,
» Les arbres élevaient leurs cîmes verdoyantes,
» Balançaient leurs rameaux sur de larges chemins,
» Et d'un dôme mobile ombrageaient les Romains.
» Oh! comme puissamment, oh! comme en traits de
      » flamme,
» Ce magique Univers devait assiéger l'ame!
» Quel Romain, si de Rome il était digne encor,
» Ne prenait vers l'honneur un héroïque essor? ».

Dans le manuscrit que j'ai entre les

mains, le premier chant n'est pas fini, il y a même quelques lacunes. Les deux suivans sont plus incomplets encore, et il ne reste pas un seul vers du quatrième.

Voici quelques extraits des deux autres.

Dans le second chant, qui a pour óbjet le *Jardin de la Ferme*, l'auteur parle de l'exposition qui convient à cet établissement sous le rapport de l'agrément et de la salubrité ; il indique ensuite le style que ses divers bâtimens doivent avoir. Mais avant il peint le bonheur de l'être industrieux et sage qui dirige sa culture et vit aux champs.

» C'est ainsi que, des lieux habités par le faste,
» Le chantre des jardins passe avec volupté
» Aux lieux où se complait la médiocrité.
» Eh! quel charme en effet, sur un terrain fertile,
» D'unir innocemment l'agréable à l'utile !
» De l'art décorateur c'est l'emploi le plus doux.
» Je vais donc à ce soin me dévouer pour vous,
» Citoyens vertueux, qui, fuyant de la ville

» Les pénibles honneurs et le luxe servile,
» Avez brisé vos fers, et libres dans vos champs,
» Livrez enfin vos jours à des travaux touchans.
» Que vous êtes heureux ! que je vous porte envie !
» Vous seuls vous connaissez les vrais biens de la vie;
» A vous seuls appartient la force, la santé,
» La droiture du cœur et la sérénité;
» Tout ce qu'à l'homme enfin laissent de jouissance
» Et la terre et le ciel amis de l'innocence.
» Venez ; et s'il est vrai que, loin de les flétrir,
» Souvent un art discret les fasse mieux chérir,
» Confiez-lui vos champs ; sous ses mains avec grace
» Les objets variés que votre ferme embrasse,
» Prennent d'un beau tableau les tons ingénieux. »

L'auteur fait voir , par les conseils qu'il donne sur le style des divers bâtimens d'une ferme , qu'il connaît cette loi rigide de l'architecture qu'on appelle la convenance ; loi négligée par tous les écrivains qui ont traité de l'art des jardins.

« Surtout que dans son style, ainsi que dans sa forme,
» A ses humbles destins le manoir se conforme.
» Je ne saurais défendre à l'art d'en approcher,
» Mais je veux, que, modeste , il aime à se cacher.
» De tous vains ornemens la ferme est ennemie ;
» Elle ne se permet, comme son possesseur ,
» Qu'un air simple et qu'un ton de paix et de douceur.

» Morel nous la figure ainsi qu'une bergère
» Qui, naïve et sans art, d'une fleur bocagère
» Pare ses beaux cheveux en désordre flottans.
» C'est l'heureux négligé des graces du printems.
» Plus brillante, elle perd ce qui me plait en elle. »

L'auteur interdit l'association des grands bois avec les cultures de la ferme ; mais après avoir montré les agrémens des fertiles vergers, il conseille les massifs d'arbres légers propres à ombrager les ruisseaux, à bocager les prairies.

« Mais, quoi ! faut-il borner tous les bois de la ferme
» Aux seuls plants fructueux que le verger renferme ?
» Non sans doute ; à l'entour de ses prés verdoyans
» Elle demande à voir les saules ondoyans,
» Et le flexible osier, et l'aune qui s'avive
» Sur les bords toujours frais d'une onde lente ou vive.
» Loin donc de les bannir, je veux, de toutes parts,
» Qu'ils viennent se montrer, soit groupés, soit épars,
» Soit même prolongés en lignes tortueuses ;
» Qu'ils marquent du terrain les formes sinueuses,
» Mais sans garder entr'eux des espaces égaux,
» Divers, ils formeront d'intéressans tableaux. »

Le troisième chant, qui a pour objet les jardins destinés à embellir les maisons de campagne , ne comprend que quelques pages. Il débute par blâmer avec raison ces jardins , d'un genre puéril , où l'on rassemble sans jugement des accidens étonnés de leur réunion , jardins auxquels on a donné des proportions mesquines ; genre de jardins trop multipliés en France, et connus sous le nom de *Jardins anglais*. Voici ce que l'auteur en pense.

» Faux orgueil dont bientôt la jouissance passe!
» Mais le repentir reste, et la honte le suit.
» Chez vos pareils déçus, voyez ce qu'a produit
» Ce goût qui d'un jardin fait un monde factice....
» L'impuissance s'y place à côté du caprice ;
» Sur un sillon qu'il creuse il va jeter un pont ;
» Il soulève la terre...., et croit avoir un mont !
» Cependant l'or s'épuise ; et de son monticule,
» L'obscur bourgeois descend et pauvre et ridicule. »

Dans ce même chant l'auteur donne des préceptes sur la marche et le mouvement du terrain ; il en parle en artiste.

« A la mode échappés, craignons un autre écueil.
» Pour former d'un niveau l'uniforme coup-d'œil,
» Jadis interrogeant le compas et l'équerre,

» A tout sol inégal le Français fit la guerre ;
» Il crut orner les champs et les défigura.
» Ainsi loin du vrai but Le Nôtre s'égara.
» La Nature perdit ses formes variées ;
» Les pentes, avec grace, aux vallons mariées,
» Perdirent tous leurs jeux ; plus de lians contours ;
» La descente pleura ses faciles retours.
» Sur un mur, ennemi des côteaux qu'il efface,
» La terrasse insipide étendit sa surface.
» L'escalier, du vallon cherchant la profondeur,
» De la pierre et du fer emprunta la roideur.
» Tous mes pas sont comptés ; j'arrive : et la vallée
» Sur un plan monotone est encore étalée.
» Sectateurs de ce genre, eh! ne voyez-vous pas
» Que la variété fuit devant le compas ?
» Quel charme inespéré de ces lois pouvait naître !
» Un seul jardin connu les faisait tous connaître.
» Mais le vrai goût enfin vous parle ; respectez
» Des mouvemens du sol les inégalités ;
» N'en désordonnez pas le jeu facile et libre ;
» Des fonds et des hauteurs que le souple équilibre
» Soit cher à vos jardins ; et que le même accord
» Aux aspects d'alentour les associe encor. »

L'auteur, après avoir parlé, dans ce chant, des bois, des fleurs, de la verdure, des gazons, avait commencé une critique sur les parterres.

« Au devant du manoir jadis le froid parterre

» D'un dédale de buis dessina le coup d'œil.
» Les cyprés et les ifs d'un feuillage de deuil,
» En globe, en vase, en mur noircissaient les allées
» Sur d'arides sablons au cordeau nivelées.
» Le fer mutila tout. L'arbre sans liberté
» N'osa de ses rameaux montrer la volonté.
» . . . . »

Là se terminent tous ces fragmens.
Mais c'en est assez pour faire regretter le reste de ce poëme perdu ou
égaré. S'il ne m'appartient pas de juger
le mérite de l'ouvrage comme poësie,
on ne peut disconvenir, d'après les
sages préceptes que l'auteur donne
sur l'art des jardins, qu'avant d'écrire
son poëme, il avait long-tems médité sur
la matière qu'il s'était proposé de traiter.

Parmi les auteurs anglais qui ont
écrit en prose sur l'art des jardins, je
citerai particuliérement HORACE WAL-
POLE et WATELY. Ce dernier est, si
je ne me trompe, celui qui, sous le titre
de l'art de former les jardins modernes, a
donné le meilleur ouvrage sur cette

matière. Il n'a oublié aucune des parties qui tiennent à cet art. Il traite d'a-
bord du terrain sous le rapport de ses
mouvemens. Il montre la différence des
caractères que ces mouvemens lui im-
priment. Il parle ensuite des plantes
ligneuses , et fait sur cette partie si
variée, une infinité d'observations aussi
fines que justes. Il considère d'abord
les arbres individuellement ; il rend
compte de leur forme , de la disposition de leur tige , de celle de leurs branches , il détermine leurs diverses expressions , par la différence de leurs
nuances et par celle de leurs feuilles, de
leurs fleurs , de leurs fruits. Il peint les
effets que les arbres produisent par leur
mélange et leur association. Tantôt rassemblés , il les montre composant une
forêt, un bois , un massif ou des groupes
isolés , tantôt il les présente suspendus
sur une côte qui se précipite ; ici ani-

mant une plaine qu'ils bocagent ; là ombrageant un ruisseau, ou terminant une perspective. Tous ces effets sont accompagnés de remarques instructives qui décèlent l'homme de goût, et l'observateur attentif.

De là passant aux eaux, l'auteur s'attache à faire sentir tout ce qu'elles ajoutent à une scène. Il détermine leurs différens caractères, il désigne les circonstances auxquelles ces caractères conviennent.

L'auteur parle ensuite des rochers. Il les divise, relativement à leur expression, en *majestueux*, *terribles* et *merveilleux*. Ce n'est en effet que par de grands caractères, que cette partie des matériaux de la Nature se fait remarquer et attire notre attention, parce qu'elle ne peut donner de l'expression à un paysage, à une scène, que lorsqu'elle nous frappe par des effets extraordinaires. Mais il me semble que l'auteur attache trop d'importance à cet accident de la Nature, auquel il consacre plusieurs chapitres. Si les rochers ne sont intéressans que lorsqu'ils présentent l'un des trois grands caractères sous lesquels il les envisage, ils entreront rarement dans la composition d'un jardin, comme fabrique. A moins que la Nature n'en ait fait présent au site, comment l'art pourra-t-il y suppléer ?

Après avoir fait passer en revue tous les matériaux de la Nature qui concourent à la formation des jardins, l'auteur traite des fabriques qui sont une production de l'art seul. Il parle de leur genre et de leur caractère ; il les considère comme un objet saillant dans la composition d'un jardin ; et sous ce rapport, il prétend que ces constructions ont la propriété de distinguer,

de trancher et d'orner. Ce n'est pas là
le seul parti que l'art peut en tirer ;
mais l'auteur ne va pas au-delà. Il n'a
pas même rendu sensibles par des ap-
plications, les trois propriétés qu'il
accorde aux fabriques. Il me semble
que, quoique dans son ouvrage il se
soit singuliérement attaché à cette partie, il en a négligé les observations
les plus essentielles. Il en parle comme
du moyen le plus propre à embellir
les jardins ; et à l'estime qu'il accorde
aux fabriques, l'on serait tenté de
croire, que cet auteur, d'ailleurs si
judicieux dans tout ce qu'il approuve
ou rejette, s'est laissé séduire par l'u-
sage abusif qu'en font les Anglais dans
leurs jardins. Presque tous ont à profusion des temples, des églises, des colonnes, des pyramides, des ponts,
des portiques, des arcs-de-triomphe,
et sur-tout des ruines, sorte de cons-

truction, qui, dans l'ordre commun des choses, n'est qu'un accident du hasard, totalement étranger à la Nature, et auquel il faut un site particulier ; enfin, un accident qu'il est difficile, tranchons le mot, qu'il est impossible à l'art de créer, quand on veut qu'il paraisse ce qu'en effet il n'est pas, c'est-à-dire, quand on veut le faire prendre pour les restes d'un monument ancien.

L'auteur ne quitte les matériaux de la Nature et les productions que l'art se permet dans les jardins, que pour se livrer à quelques réflexions sur ce que le goût peut accorder à la régularité dans les entours du manoir ; ce qui l'amène à parler des avenues. Il me semble que, dans ce qu'il dit sur ces deux objets, il n'a pas saisi les vrais principes et n'a pas mis autant de justesse aux observations que ces objets lui suggèrent, qu'à celles qu'il fait sur tout le reste ; mais ensuite on le retrouve dans ses remarques sur la différence qui existe entre les beautés qui appartiennent à l'art du peintre , et celles qui appartiennent à l'art du jardinier; rien n'est plus sensé que ce qu'il dit sur ce point.

La partie où l'auteur semble avoir oublié les principes qui l'ont guidé dans tout l'ouvrage , est celle où il parle des différens caractères qu'on peut donner aux jardins. Ces caractères, selon lui, sont l'emblématique , l'imitatif , l'original. Les jardins à la composition desquels ces caractères serviraient de guides , n'offriraient que des scènes de fantaisie , ne présenteraient le plus souvent qu'une énigme au spectateur , et n'auraient rien de commun avec les tableaux de la Nature.

Hâtons-nous d'arriver aux chapitres que l'auteur consacre à la division qu'il donne des genres, et à l'application qu'il en fait. S'il eût débuté par établir cette division, son ouvrage aurait été plus méthodique. Les détails qui ont précédé cette division eussent été plus faciles à saisir, parce que l'auteur aurait pu en faire l'application à mesure qu'il les énonçait ; et ce traité, qui est un des meilleurs de tous ceux qui ont paru sur cet art, n'eût rien laissé à désirer.

Les quatre genres de jardins que l'auteur établit, sont la *ferme*, le *jardin*, le *parc* et la *carrière*. Cette division, comme on voit, est, à peu de chose près, la même que j'ai proposée dans cette théorie. Je ne diffère avec l'auteur que sur le genre qu'il présente sous le nom de la *carrière*. Sous ce nom j'ai désigné un accident qui n'est qu'une dépendance du genre de jardin que j'ai appelé le *parc*. Mais par les définitions que l'auteur donne du genre qu'il appelle la *carrière*, on voit qu'il est peu différent de celui que j'appelle le *pays*.

Je m'applaudis d'avoir, dans beaucoup de circonstances, vu comme l'auteur ; et surtout de m'être rencontré avec lui dans la division des genres. Je regarde cette rencontre comme une forte présomption, si même elle n'est une preuve, que, dans l'art des jardins, les genres ne sont pas un pur systême, et que ceux que nous avons l'un et l'autre admis, sans nous être communiqués, appartiennent vraiment à cet art.

Avant de quitter l'ouvrage de Wately, je ferai observer que cet auteur éclaircit ses principes par les exemples, et les applique aux sites les plus remarquables qui se trouvent en Angleterre, ou aux plus belles scènes des jardins que son pays possède.

Si je n'ai fait aucune citation de l'ouvrage dont je viens de donner l'analyse, c'est qu'elles auraient été en trop grand nombre. Mais j'en ai assez dit pour inspirer à l'amateur de l'art des jardins le desir de lire ce traité, et pour engager le jeune artiste qui veut s'instruire, à le méditer.

L'*Essai sur l'art des jardins modernes* d'HORACE WALPOLE, traduit par M. de Nivernois, est plutôt l'histoire des jardins depuis leur origine, qu'un essai sur l'art ; mais l'auteur a su rendre cette histoire très-intéressante, soit par les observations qu'il fait sur l'art, soit par les réflexions auxquelles ces observations donnent lieu. Il recherche d'abord ce qui a fait naître l'idée de cette espèce de composition ; il en suit la marche, et passe en revue tous les jardins anciens, à partir de ceux d'Alcinoüs ; il parle des jardins de Baby-

Ionne , de Pline , d'Adrien ; il fouille jusque dans les ruines d'Herculanum ; et trouve dans le dixième volume des gravures qu'on a données , des traces de l'art. Il conclut , d'après des hypo-thèses très-vraisemblables , que nos jardins tirent leur origine de celui du potager auquel le besoin a donné naissance , et il ajoute :

» On voit , par tout ce j'ai dit , com-» ment l'idée d'un jardin potager a , » pour ainsi dire , glissé naturellement » et insensiblement jusqu'à ce que l'on a » appelé proprement *JARDINS* pendant » plusieurs siècles , et que nos ancêtres » ont honoré, dans ce pays , du nom de » jardins de plaisance. Un morceau de » terre quarré , a été originairement » divisé en compartimens pour l'usage » d'une famille ; ensuite , pour écarter » le bétail , on l'a séparé des champs » par une haie. Quand l'orgueil et le

» goût exclusif de la propriété ont pris
» des forces, la haie a été changée
» honorablement en muraille, qui, dans
» les climats où la chaleur naturelle du
» sol ne prodigue pas aux fruits la
» maturité, garantissait des vents les
» arbres fruitiers, et leur servait d'abri.
» Car cette inondation de luxe, qui a
» si fort enflé nos besoins, a presque
» toute pris sa source dans le réservoir
» de la simple raison.

» Quand l'usage d'enclore de murs
» les jardins, fut ainsi établi à l'ex-
» clusion de la Nature et de la pers-
» pective, le goût du faste et l'ennui
» de la solitude, se combinèrent pour
» imaginer quelque chose qui pût en-
» richir et vivifier une possession in-
» sipide et inanimée. »

Cette observation donne l'occasion
à l'auteur de faire les réflexions suivantes.

« Dans les mains de l'homme sim-
„ ple et sauvage , l'art n'était que le
„ coopérateur de la Nature. Dans les
„ mains de la richesse fastueuse , il de-
„ vint un moyen de la combattre. „

« Ainsi le travail et la dépense de-
„ vinrent les élémens de ces somptueu-
„ ses solitudes de la vanité ; et chaque
„ embellissement nouveau ne fut qu'un
„ pas de plus pour l'éloigner de la
„ Nature. „

L'auteur a bien raison. Il est plus que vraisemblable que la vanité et la richesse ont chassé des jardins la Nature pour lui substituer le luxe et la régularité. Combien ne faut-il pas de siècles pour revenir au vrai, quand ces deux causes puissantes et toujours existantes nous ont éloignés !

Ces réflexions sont toujours suivies d'une critique aussi juste que fine et piquante des jardins symétriques ; l'auteur n'oublie ni leurs parterres, ni leurs allées dirigées en droites lignes, ni leurs bosquets plantés de droite et de gauche dans la plus exacte correspondance, ni la marche du terrain dénaturée, ni les arbres taillés, ni enfin les sempiter- nels jets-d'eau.

Il jette un coup-d'œil en passant sur les jardins chinois qui, dit-il, « sont » aussi bisarrement irréguliers que les » jardins d'Europe sont pédamment uni- » formes et monotones, également » éloignés de la Nature les uns comme » les autres. »

On voit par cette critique que l'au- teur se tient fort loin de l'opinion de ceux qui ont prétendu que les jardins chinois ont donné naissance à ceux que les Anglais ont admis dans leur île. Il pense au contraire que le genre de jardin adopté en Angleterre, n'est dû qu'au goût qu'ont les nationaux pour la Nature et au génie de leurs artistes. C'est à Bridgman, dessinateur de jardin, qu'il fait honneur des premiers essais dans l'art des jardins de la Nature, ensuite à Eyre son imitateur. Tous deux, dit-il, firent faire un grand pas à l'art en faisant entrer, par des *HAHA* pratiqués dans les murs d'enceinte, les tableaux du site environnant dans la composition de leurs jardins. Laissons parler l'auteur lui-même.

« Voici pour quelle raison j'appelle
  » la suppression des clôtures, le grand
  » pas, le pas décisif. On n'eut pas plu-
  » tôt fait cette espèce d'enchantement
  » si simple, qu'on se mit à niveller,
  » à tondre, à rouler les gazons. Les
  » dehors contigus d'un parc sans clô-
  » ture, durent s'accorder avec les de-
  » dans. A son tour le jardin dut être
  » délivré de sa régularité originaire,
  » pour pouvoir s'assortir au site agreste

,, du dehors ; mais pour qu'il ne parût
,, pas trop une ligne de division entre
,, l'agreste et le peigné , on s'avisa de
,, faire entrer les dehors dans un es-
,, pèce de plan général , et quand la
,, Nature y fut admise avec quelques
,, embellissemens , chaque pas qu'on
,, fit , découvrit de nouvelles beautés ,
,, et inspira des idées nouvelles. C'est
,, alors que Kent, trop peintre pour
,, ne pas sentir les charmes d'un pay-
,, sage , assez hardi et assez ferme pour
,, oser donner des préceptes , tira de
,, son génie la création d'un grand sys-
,, tême dans le crépuscule de nos es-
,, sais imparfaits ; il franchit la clô-
,, ture , et vit que toute la Nature est
,, jardin. ,,

Après avoir fait connaître tout ce
qu'on doit à Kent , pour l'avancement
de l'art , l'auteur poursuit ainsi :

« Les artistes qui l'ont suivi ajou-

„ tant certains coups de maître à ces
„ heureuses touches , ont peut être
„ perfectionné quelques-unes des par-
„ ties que je viens de nommer. „ Il cite
Brown , comme celui qui , par son
goût et ses talens , a le plus contribué
au perfectionnement de cet art aimable.

Et puis il attribue aux richesses vé-
gétales que l'Angleterre a acquises depuis Kent , cette richesse de coloris
qui caractérise les jardins modernes.

L'auteur cependant fait quelques reproches à Kent , il remarque ,

« Qu'après avoir proscrit toute école
„ de l'art des jardins , (car les artistes
„ modernes exercent le talent en ca-
„ chant l'art) , Kent, semblable à bien
„ d'autres réformateurs , ne sut pas s'ar-
„ rêter dans de justes limites. Il sui-
„ vait la Nature et l'imitait si heureu-
„ sement , qu'il en vint à se persuader

,, que toutes ses pensées étaient éga-
,, lement imitatives. Il s'avisa de plan-
,, ter dans les jardins de Kinsington
,, des arbres morts, pour donner à la
,, scène un grand air de vérité. ,,

Pareille fantaisie, et bien d'autres aussi minutieuses, ont passé par la tête de quelques-uns de nos nouveaux jardiniers français; ils n'ont pas senti que l'art ne consiste point à saisir à l'aventure tout ce que la Nature présente, mais bien à choisir, dans ce qu'elle offre, ce qui remplit le but où doit tendre le bon goût. Comment celui qui exerce l'art des jardins, peut-il avoir besoin qu'on lui rappelle une maxime si rebattue, qu'elle en est triviale?

L'auteur a aussi divisé à sa manière, les jardins en genres; et il en admet trois. Le premier est le jardin qui se lie avec un parc; le second, la ferme ornée; le troisième, la forêt ou le jardin agreste. Ces genres , si on peut leur donner ce nom , ne sont pas déterminés avec assez de précision , ils ne sont pas assez clairement énoncés ; et les explications que l'auteur met à la suite , ne les caractérise pas davantage. Il se contente de dire , que Kent est l'inventeur du premier ; que M. Philip Southcote a introduit le second ; et quant au troisième , l'auteur avoue qu'il n'a pas été assez défini. Cependant pour donner une idée de ce dernier, il cite le Bois de Pain'shill, qui couvre une côte plantée presque toute en arbres verts , laquelle fait partie des jardins. Pour rendre sensible le genre de la ferme ornée, il cite Woburn, propriété de M. Philip Southcote. Il ne donne pas de plus amples éclaircissemens sur les trois genres. J'aurai occasion de faire remarquer que Woburn , est en effet un jardin orné , mais qui ne présente que faiblement l'idée d'une ferme.

Les Anglais ont en général peu d'égard aux genres dans la composition de leurs jardins, à moins que le site, par la vigueur de son caractère, ne résiste aux efforts de l'artiste, et ne lui commande impérieusement. Il lui arrive souvent encore de l'affaiblir par des accessoires peu analogues ou déplacés. Il est, chez cette nation, peu de jardins dont le caractère soit fortement prononcé, si ce n'est peut-être celui dont j'ai fait un de mes quatre genres, sous la dénomination du *jardin proprement dit*. Ce genre, de tous le moins susceptible de modification, est si répété chez eux, que, pour peu qu'on ait parcouru les jardins de ce pays, ils cessent d'exciter l'attention de l'observateur. Voilà sans doute pourquoi Walpole, qui a plus étudié les jardins de la Nature, qu'approfondi la Nature, n'a admis que peu de genres, et n'a pas défini avec assez de précision ni de clarté, ceux qu'il admet.

L'auteur finit son ouvrage par des observations, qui, si elles étaient exactes, laisseraient à la France peu d'espoir d'avoir chez elle des jardins aussi agréables que ceux qui existent en Angleterre. Mettons ces observations sous les yeux du lecteur, et nous essayerons d'en faire voir le faux.

 « Le vrai, dit-il, qui, après avoir
» été long-tems combattu, finit ordi-
» nairement par triompher, ne pourra
» vraisemblablement pas accréditer au-
» dehors le style de nos jardins, ni en
» introduire l'usage dans le continent.
» La dépense qu'il exige ne convient
» guères qu'à l'opulence d'un pays li-
» bre où règne l'émulation parmi un
» grand nombre de particuliers indé-

„ pendans. En France, et en Italie, la
„ noblesse réside peu à la campagne ;
„ elle y fait peu de dépense. Je ne
„ vois que les petits princes d'Allema-
„ gne, qui, n'épargnant aucune pro-
„ fusion dans leurs palais, dans leurs
„ maisons de campagne, pourraient
„ bien devenir nos imitateurs : encou-
„ ragés spécialement par la ressemblan-
„ ce que leur terrain et leur climat
„ offrent à plusieurs égards avec les
„ nôtres. „

Quoi qu'en dise Walpole, je ne suis
pas persuadé que l'ordonnance et l'entretien des jardins de la Nature, soient
plus coûteux, que la création et la
dépense des jardins à lignes droites,
à allées ratissées, à arbres taillés.
L'auteur juge de la dépense que les
premiers exigent, par celle qu'entraîne le faste de la plupart des bâtimens d'habitation, et par le nombre

de fabriques que les Anglais ont indis-
crettement introduites dans leurs jardins. Il est peu de jardins en Angleterre
où l'on ne voye des temples somptueux,
des églises gothiques ; il en est peu qui
ne présentent des obélisques, des ponts
à colonnes , des reposoirs ornés de pé-
ristyles ; dans presque tous on rencontre des grottes , des rochers factices ,
des tours antiques , des arcs de triomphe et surtout des ruines ; il en est
peu enfin où l'on ne se soit livré à de
grands efforts pour se procurer des rivières , des ruisseaux , des lacs , des
cascades. Voilà ce qui rend les jardins
d'Angleterre si coûteux : si tant de fabriques les enrichissent , elles ne les
embellissent pas toujours : il arrive
même le plus souvent, qu'elles surchargent le tableau , et en affaiblissent l'expression; mais que l'artiste , dirigé par
le goût et soumis aux vrais principes de

l'art , s'assujettisse à la marche du terrain , qu'il soit sobre sur les fabriques qui s'associent difficilement avec les scènes de la Nature, qu'il prenne la Nature pour guide, il embellira son pays par des jardins purs , agréables , non ruineux, et cependant d'un grand effet.

Ce n'est pas par les moyens que fournit l'opulence qu'on parvient à bien faire dans cet art. Ces moyens ne sont que trop souvent la cause du contraire. On n'arrive au vrai but , qu'avec le génie, le talent et le goût réunis. Dans tout pays où le climat sera favorable , où la Nature offrira des sites heureux et des accidens pittoresques, où les beaux arts seront chéris et pratiqués ; (et l'on ne niera pas, je pense , que toutes ces conditions ne se rencontrent en France ;) on pourra , sans abuser des moyens ruineux, obtenir des jardins beaux et agréables. Doués de la sensibilité qui fait aimer les beautés de la Nature, les Français, à qui on ne saurait raisonnablement reprocher de manquer de goût, ont tout ce qu'il faut pour porter l'art des jardins à son plus haut dégré de perfection ; ils ont l'avantage du climat, celui d'un pays riche en variétés : ils auront de plus celui de profiter des progrès qu'ont faits leurs voisins, qui les ont dévancés dans la pratique de cet art, et ils seront par-là prémunis contre les écarts dans lesquels ont donné les artistes étrangers.

CHAMBERS, architecte anglais et de grande réputation, homme d'esprit et homme de lettres, a prétendu nous donner une idée des jardins de la Chine, dans un ouvrage imprimé à Londres sous le titre de *Dissertation sur le Jardinage de l'Orient.*

Dans la préface, l'auteur remarque, que l'art des jardins, avec lequel une partie considérable de nos jouissances se trouve si universellement liée , n'a aucun professeur dans notre partie du Monde. Il a bien raison. Dans tous les états policés , l'éloquence , la poësie , la grammaire , la peinture , l'architecture , tous les arts libéraux , jusqu'à la déclamation , ont leurs écoles et leurs institutions ; et l'art des jardins de la Nature , n'en a point. Cependant il est peu d'arts qui demandent autant de connaissances que celui-ci : il est forcé d'avoir recours à la géométrie , à l'hydraulique , au dessin , à l'agriculture , à la botanique , à l'architecture. Il ne peut se passer d'aucune de ces sciences, d'aucun de ces arts, soit qu'il projette , soit qu'il exécute.

« Sur le continent, dit-il , cet art ,, est une branche collatérale de celui ,, de l'architecte , qui , plongé dans l'é- ,, tude , et distrait par les occupations

„ de son état, n'a point de loisir pour
„ d'autres recherches. Dans notre île,
„ il est abandonné aux jardiniers-po-
„ tagers, fort experts sans doute dans
„ la culture des salades, mais trop peu
„ versés dans les principes du jardinage
„ de décoration. „

A la suite d'une critique des jardins réguliers, que tant de gens de goût ont critiqué comme lui, il en fait aussi une des jardins de sa nation. Ainsi il blâme et le genre artificiel des jardins du continent, et le genre trop simple, dit-il, des jardins de son pays, aux- quels il préfère le genre des jardins chi- nois. « Les jardiniers de ce pays, dit-il, sont non-seulement botanistes, mais encore peintres et philosophes ; ils ont une connaissance profonde du cœur hu- main, et des arts par lesquels on ex- cite ses plus vives sensations. „

L'auteur nous dit aussi, que ces

artistes prennent , dans la composition de leurs jardins , la Nature pour modèle , que leur but est d'imiter ses belles irrégularités ; et dans les descriptions qu'il nous donne de ces jardins , il nous les montre sous des effets totalement étrangers à ceux qu'elle présente , et prend les caprices de l'artiste Chinois , pour les belles irrégularités de la Nature.

Il nous dit encore que les jardiniers de la Chine , se règlent sur les facultés du propriétaire qui les emploie , sur son opulence , comme sur la médiocrité de sa fortune ; et cependant tous les jardins chinois , sont , selon lui , remplis de bâtimens considérables , de rochers , d'eaux artificielles , d'animaux factices ou réels. Comment les dépenses qu'exigent tant de fabriques , ces effets d'eaux forcées , ces immenses rochers si multipliés ; ces animaux de tout pays , de toute espèce , qui peuplent leurs jardins : comment, dis-je, tant d'objets si coûteux peuvent-ils s'accorder avec la médiocre fortune du propriétaire ?

L'auteur prétend ensuite, que les artistes jardiniers de la Chine, ne sont pas tellement attachés à la Nature, que l'art n'ait jamais la permission de se montrer avec elle. » Ces jardiniers trouvent, dit-il, que la Nature, qui ne leur a donné que le terrain, l'eau et les plantes, ne leur a pas fourni assez de matériaux. » Il est bien extraordinaire que ces jardiniers, et peintres et philosophes, n'aient pas trouvé, dans les effets que présente le spectacle de la Nature, assez de variété et de matériaux pour produire de magnifiques et d'agréables tableaux, et qu'ils se croient obligés d'y associer les productions de leur imagination.

Enfin, l'auteur nous donne sur les

jardins chinois, des peintures si bizarres ; tout ce qu'il en dit , est si outré ,
qu'on doute s'il parle sérieusement , et
s'il n'a pas eu le projet, par ces exagé-
rations , de jeter un ridicule sur les
jardins de ce pays.

Lisez ce qu'il dit des trois genres de
jardins adoptés par les Chinois, *l'agréable*, le *terrible* et le *surprenant*; et peut-être
trouverez-vous , que ce que je regarde
comme un doute , vous paraîtra une
certitude. Vous verrez que le genre
appelé *agréable*, nous semblerait à nous
autres Européens , tout au moins devoir être mis dans la classe du merveilleux ; mais c'est dans les deux autres ,
et surtout dans celui qu'il nomme *terrible* , que Chambers , perdant de vue
ce qui constitue un jardin, se livre à ce
qu'une imagination vive , et (si j'osais)
je dirais désordonnée , peut enfanter.
Ecoutons ce qu'il nous dit de ce genre.

« Les tableaux du genre terrible
» sont composés de sombres forêts , de
» vallées profondes , inaccessibles aux
» rayons du soleil , de rochers arides
» prêts à s'écrouler , de noires cavernes
» et de cataractes impétueuses , qui se
» précipitent de toutes les parties des
» montagnes. Les arbres ont une for-
» me hideuse ; ont les a forcés de quit-
» ter leur direction naturelle , et ils
» paraissent déchirés par l'effort des
» tempêtes ; les uns sont renversés ;
» ils arrêtent le cours des torrens ; vous
» voyez que les autres ont été noircis
» et fracassés par la foudre. Les bâti-
» mens sont en ruines , ou à demi con-
» sumés par le feu ou emportés par la
» fureur des eaux. Rien d'entier ne
» subsiste , sinon quelques chétives ca-
» banes dispersées dans les montagnes,
» qui ne vous apprennent l'existence
» des habitans , que pour vous mon-

„ trer leur misère. Les chauve-souris,
„ les vautours, et tous les oiseaux de
„ rapine, voltigent dans les halliers.
„ Les loups, les tigres, les jakals hur-
„ lent dans les forêts ; des animaux af-
„ famés sont errans dans les plaines. Du
„ milieu des routes on voit des gibets,
„ des croix, des roues, et tout l'appareil
„ de la torture ; et dans les plus affreux
„ enfoncemens des bois, où les che-
„ mins sont raboteux et couverts d'her-
„ bes nuisibles, où chaque objet porte
„ les marques de la dépopulation, vous
„ trouverez des temples dédiés à la
„ Vengeance et à la mort ; des caver-
„ nes profondes dans les rochers; des
„ descentes, qui à travers les brous-
„ sailles et les ronces, conduisent à des
„ habitations souterraines. Près de là
„ sont placés des piliers de pierre, avec
„ les tristes descriptions d'événemens
„ tragiques, et l'horrible récit des cruau-

,, tés sans nombre commises dans ces
,, lieux mêmes par les proscrits et les
,, brigands des anciens tems. Et pour
,, ajouter à la sublime horreur de ces
,, tableaux , des cavités pratiquées au
,, sommet des plus hautes montagnes ,
,, recèlent quelquefois des fonderies ,
,, des fours-à-chaux et des verreries d'où
,, s'élancent d'immenses tourbillons
,, de flammes et des flots continuels
,, d'une épaisse fumée , qui donnent
,, à ces montagnes l'apparence de vol-
,, cans. ,,

En lisant cette incroyable description , et celle que l'auteur fait de ce
qu'il appelle le genre surprenant , tout
aussi merveilleux et non moins invrai-
semblable , on regrette que celui qui
les a imaginés et qui a le talent de les
rendre avec cette énergie , n'ait pas employé de si grands moyens à peindre
les beaux effets de la Nature ; il aurait

contribué à perfectionner un art dont il semble se jouer. Car à l'aspect des tableaux que ces descriptions présentent, qui se douterait qu'il s'agit de jardins ?

Malgré le ton sérieux et persuadé, qui règne dans cet ouvrage, l'auteur prévoit qu'il persuadera difficilement ses lecteurs ; il craint que sa dissertation sur le jardinage de l'Orient, ne leur paraisse un ingénieux roman. Aussi à la fin de son livre cherche-t-il à justifier, par toutes les raisons possibles, ce qu'il a raconté des jardins chinois, et qui, de son aveu même, doit paraître impraticable aux Européens ; chez lesquels, dit-il, la terre est divisée entre beaucoup de propriétaires ; où le pouvoir a des bornes ; où l'opulence est le partage d'un petit nombre. Mais comme nous savons, d'après les relations, que le même ordre de choses existe à la Chine ; les raisons que l'auteur donne, pour prouver que les jardins chinois sont tels qu'il les a peint, ne paraissent pas plus persuasives, que l'existence de ces jardins ne paraît vraisemblable.

Dans le petit nombre de littérateurs français, qui ont écrit en prose sur l'art des jardins de la Nature, je distinguerai WATELET de l'académie française, et honoraire de celle de peinture et de sculpture. Cet auteur, poëte, peintre et ami des arts, avait à tant de titres de grands moyens pour faire un excellent ouvrage sur la matière. Il est le premier qui l'ait traitée sous le titre d'essai sur les jardins. A cette époque ces sortes de jardins étaient à peine connus en France. Entraîné par son goût pour les beautés pittoresques qui avaient été toute sa vie l'objet de ses réflexions et de ses études, il fut encore un des premiers à les appliquer à l'embellissement de son jardin de Moulin-Joli;

propriété sur le bord de la Seine , qu'il avait acquise , séduit par le charme de sa situation.

Familier avec les arts libéraux , il avait prévu tout le parti que celui des jardins pouvait tirer des seuls effets de la Nature ; il le prouve à chaque page de son essai. Son traité n'est pas à la vérité un ouvrage classique ; il n'est pas méthodique comme celui de Wately ; il paraît même que lorsque Watelet écrivait , il n'avait encore que des aperçus sur les jardins de la Nature. Aussi ne jette-t-il qu'un coup-d'œil sur les principaux objets de l'art. Mais chemin faisant , il lui échappe des observations justes et souvent ingénieuses qui décèlent l'artiste. Non-seulement il développe les rapports que ces objets ont entre eux ; mais , profond dans la connaissance du cœur humain , il fait voir ceux qu'ils ont avec nos sensations, et comment les sensations excitées agissent sur le sentiment. Il démontre que ces relations sont modifiées par l'habitude et par le préjugé, et que n'étant pas les mêmes pour tous, elles produisent une grande diversité d'opinion. C'est dans ces opinions qu'il trouve la source des plaisirs et des penchans de l'homme. Selon lui, c'est la satiété et le besoin de se soustraire au mouvement pénible qui s'établit et s'accélère dans la société, c'est l'inégalité des moyens et surtout l'imitation et la vanité, qui ont produit et perpétué les jardins où règnent la régularité et la magnificence. Voilà, dit-il, ce qui a fait perdre de vue le véritable but des jardins, qui originairement n'avaient pour objet que la jouissance des bienfaits de la Nature et de ses charmes. Voici comment il le démontre.

« Mais l'homme oisif, ingénieux,
» sensible, après avoir disposé à son
» avantage les richesses et les beautés
» de la Nature, attache à ces nou-
» veaux trésors une affection particu-
» lière. Pour s'en assurer une jouis-
» sance tranquille, il creuse des fos-
» sés, il dresse des palissades, il élève
» des murs, et l'enclos s'établit em-
» blême de la personnalité. C'est le
» petit empire d'un être qui ne peut
» augmenter sa puissance sans accroî-
» tre les soins qui la troublent. »

Ce qui est fonciérement vrai, est aperçu de tous ceux qui réfléchissent. Walpole a dit que c'était la destruction des clôtures qui avait fait naître la première idée des jardins de la Nature. Watelet dit ici, que ce sont les clôtures qui ont fait perdre de vue la Nature dans la composition des jardins.

C'est à des inventions pittoresques,

poëtiques , romanesques , continue Watelet, qu'on a ordinairement recours pour enrichir et varier les jardins. De ces trois genres , dit-il , le poëtique et le romanesque sont les derniers qui ont été imaginés.

Watelet se méprend, ce me semble, quand il fait du pittoresque un genre particulier : tous les jardins modelés sur la Nature , sont pittoresques ; et j'ignore encore s'il peut exister des jardins d'un genre poëtique et d'un genre romanesque.

L'auteur abandonne un moment ces trois genres pour s'attacher à celui qu'il appelle pastoral , qu'il dit être plus convenable aux établissemens de la campagne ; et tout de suite il en fait l'application au jardin qu'il appelle la ferme ornée. Il consacre un long chapitre à la composition de ce jardin dans lequel il promène son lecteur. Il lui en montre tous les tableaux ; il lui en fait remarquer tous les accidens ; le conduit dans tous les établissemens ; il lui fait apercevoir que l'usage pour lequel chaque bâtiment est fait , est indiqué par la forme extérieure , et puis se livrant aux mouvemens que cet intéressant jardin inspire , il félicite l'être heureux qui l'habite , et pour en jouir, il lui conseille de fuir les sociétés de la ville.

« En s'éloignant , lui dit-il , de ces » tourbillons des sociétés , dont le mou- » vement étourdit et enivre ; où des » fantômes passent pour des réalités ; » où les délires de l'orgueil , de l'am- » bition , de la cupidité , sont regardés » comme l'état le plus naturel , qu'il » fasse trève avec ses ennemis. Esclave » affranchi , qu'il n'emporte point avec » lui ses chaînes , qu'il entre-mêle au » moins à la vie ordinaire des jours

» de retraite, plaisir si sensuel, lors-
» qu'on sait la goûter ; utile, si l'on
» sait en profiter ; inestimable emploi
» de ce loisir et de ce superflu dont
» l'idée vague séduit, dont l'usage réel
» fatigue, qu'on recherche avec tant
» d'ardeur, et qu'on trouve si souvent
» à charge, même lorsqu'on se vante
» le plus d'en jouir. »

Cet ouvrage est sur-tout remarquable par la critique des mœurs, des
opinions, des préjugés qui règnent
dans la société : l'auteur considère
l'homme sous tous les rapports ; il ne
manque aucune occasion d'opposer les
jouissances simples et pures de l'habi-
tant des champs, aux occupations futiles, aux plaisirs factices des habitans
de la ville. En le lisant on croit parcourir plutôt un traité de morale qu'un
essai sur les jardins.

Revenons au genre qu'il appelle la

ferme ornée. Dans le cours de son ouvrage, l'auteur se contente de donner des définitions, des conseils, des préceptes, de faire des observations et des remarques sur l'art. Mais tous les détails dans lesquels il entre, à l'exception de ce qui concerne les bâtimens, peuvent appartenir indifféremment à tous les genres de jardins. Dans celui qu'il compose par forme d'exemple, et dont il donne la description, les scènes qu'il peint sont champêtres et fraîches ; il promène son lecteur des unes aux autres par des routes et des sentiers ; il fait sentir la grace de leurs contours ; il les parseme d'accidens intéressans. Il parle des fleurs, des eaux, des arbres dont il embellit sa composition ; et néglige les objets qui caractérisent particuliérement sa ferme, c'est-à-dire, les cultures ; il ne dit rien ni de leur espèce, ni de leur mélange, ni de leur distribution. Tout cela n'entre pour rien dans le tableau. Aussi appelle-t-il cette description, *l'exposition de son roman*. Ce sont ses propres termes.

Il passe ensuite à ce qu'il appelle les Parcs anciens et les Parcs modernes. Il désigne sous la première expression, les jardins réguliers, et sous la seconde, les jardins auxquels on a donné le nom de *jardins anglais*. C'est à ces derniers seuls, dit-il, que peuvent s'appliquer trois genres dont il a parlé plus haut, le pittoresque, le poëtique, le romanesque. Le premier, selon lui, tient aux idées de la peinture. Il aurait été, ce me semble, plus exact de dire, que l'art de la peinture, qui a le paysage pour objet, et celui des jardins dont il est question, tiennent aux idées de la Nature. Je conviendrai que ces deux arts ont des choses communes dans leur objet ; mais

leurs procédés et leur but sont si différens , qu'on ne peut pas supposer
qu'ils tiennent à la même marche et
aux mêmes idées.

L'auteur, plus peintre , plus poëte
que jardinier , divise le genre pittoresque en différens caractères : le pittoresque noble , le pittoresque rustique ,
le pittoresque agréable , le pittoresque
sérieux ou triste. Tous ces caractères
pittoresques ne sont pas les seuls ; il en
est, ajoute-t-il, encore trois autres, le
magnifique, le terrible , le voluptueux,
qu'il dit convenir au genre pittoresque.
Mais il pense que ces derniers caractères tiennent plus à l'idéal. Je suis bien
tenté de croire qu'ils y tiennent tous.

Avant de s'occuper des deux autres
genres, le poëtique et le romanesque ,
l'auteur nous offre les matériaux de la
Nature. Il les fait consister dans le terrain , les plans , l'exposition , les ar-

bres , les eaux , les espaces , les gazons , les fleurs , les aspects extérieurs ; auxquels on peut , dit-il , ajouter les rochers , les grottes , les accidens naturels. Dans cette énumération l'auteur confond les matériaux de la Nature avec ses accidens. Les plans , l'exposition , les espaces , les aspects extérieurs , les grottes ne sont pas des matériaux ; ce sont des accidens qui résultent de la combinaison des matériaux que la Nature ordonne et arrange. Comme peintre , l'auteur savait que dans cet art on doit avoir égard au plan , à l'exposition , aux espaces , etc. ; que le paysagiste , qui ne sait pas en faire l'application quand il compose , ne produira rien de bien ; que tous ces accidens dépendent de son goût ; qu'il les crée à son gré et qu'ils sont les principaux objets de ses compositions. Mais le terrain , les eaux , les productions de la végétation et les rochers, qui sont les seuls matériaux de la Nature, ne peuvent exister sans ces accidens; l'artiste jardinier ne les arrange pas à son gré, lui qui est impérieusement maîtrisé par leur disposition, et celle des sites sur lesquels il opère.

Je ne discuterai point les idées de l'auteur sur le genre poëtique et romanesque, ni ce qu'il dit sur ce qu'il appelle en général les lieux de plaisance, genre qu'il définit vaguement. Tout cela ne présente que des idées abstraites, des images que l'esprit peut à peine saisir, que l'art serait très-embarrassé à réaliser, et dont la plupart sont même étrangères à celui des jardins.

L'auteur termine son essai par la description d'un jardin chinois, extrait des œuvres d'un artiste du pays, et par le tableau du Moulin-Joli ; jardin qu'il avait arrangé , et où il passait des momens heureux , si l'on s'en rapporte aux vers qu'il y a parsemés.

Cet essai sur les jardins , échappé à la plume d'un écrivain - artiste , plaira plus au lecteur lettré , par l'agrément du style et par la morale qui y est répandue , qu'il ne sera utile à l'artiste-jardinier par les leçons qu'il renferme. Non qu'en eux-mêmes la plupart des préceptes ne soient bons ; mais parce qu'ils y sont trop légèrement esquissés ; qu'ils n'ont pas entre eux cette liaison , ces rapports , cet ordre qui en facilitent l'intelligence ; et que, soit inexpérience, soit légéreté, l'écrivain, d'ailleurs intéressant, ne marche point d'un pas ferme dans la carrière qu'il a entrepris de parcourir.

P. H. VALENCIENNES, peintre , très-connu et estimé par ses talens pour le paysage , a donné au public un livre sous le titre modeste d'*Elémens de Perspective pratique* , qui renferme , outre un excellent traité de perspective linéaire et aérienne , de profondes réflexions sur la peinture en général. C'est à un élève qu'il adresse ses leçons et ses conseils. Cet ouvrage réunit , à un certain mérite de style et de méthode , une connaissance réfléchie et profonde de toutes les parties de l'art de la peinture.

Je n'aurais pas cité dans cette préface un ouvrage destiné à l'instruction du peintre , si l'auteur n'eût consacré un chapitre à la composition des jardins qu'il considère comme un art lié à celui du paysagiste ; sans doute parce que tous deux ont le spectacle de la Nature pour type , et ses effets pour objet. Aux conseils que l'auteur donne, on s'aperçoit qu'il a joint la pratique à la théorie. Il est à remarquer, que de tous ceux qui se sont mêlés de donner des préceptes sur cet art, il est le seul qui parle des moyens que doit prendre l'artiste jardinier, quand il veut projeter un jardin ; ceux que propose l'auteur sont vraiment les seuls propres à diriger ce genre de composition. Je vais les transcrire. Dans ce qu'il dit sur ce point, il n'y a pas un mot à perdre.

« Lorsqu'un artiste peintre est char-
» gé de l'exécution et de la plantation
» d'un jardin, il commence par étu-
» dier la nature du terrain qu'il doit
» embellir; il observe tour-à-tour les
» environs du local ; le paysage qui
» l'entoure et qui peut lui donner de
» beaux points-de-vue. Il examine les
» eaux courantes et dormantes, les
» rochers, les montagnes, les buttes,
» les bois taillis ou de haute-futaie.

„ Enfin, il se rend compte des arbres,
„ des arbustes et des plantes qui réus-
„ sissent le mieux dans le terrain qu'il
„ va travailler. Il s'y promène souvent,
„ dans tous les sens et à toutes les heures
„ du jour, pour tirer parti des effets
„ que lui présente le lever, le midi et
„ le couchant du soleil.

„ D'après ces méditations, il calcule
„ et trace son plan en marchant, il
„ dessine dans sa tête la distribution
„ des grandes masses ; la perspective
„ lui indique la place qu'elles doivent
„ occuper pour ne pas se nuire mu-
„ tuellement, soit en se cachant les
„ unes les autres, soit en ne se grou-
„ pant pas convenablement, et pour
„ former les vues pittoresques, si par-
„ faitement composées, qu'il est diffi-
„ cile d'en rencontrer de pareilles dans
„ la Nature. „

Je m'étais figuré que l'auteur, adressant ses conseils à un *artiste peintre*, désignait par là un artiste jardinier, à qui il supposait des connaissances en peinture. Mais par la nature des conseils qu'il donne, je vois que j'étais dans l'erreur. Ces conseils, à la vérité, appartiennent autant au peintre qu'au jardinier; mais ils n'exigent pas les connaissances, qui, essentielles à l'art de celui-ci, sont indifférentes à l'art du peintre. L'auteur suppose que l'élève, à qui il parle, peut se dispenser de connaître les arbres, les plantes nécessaires à la formation des jardins, de connaître l'espèce de terrain qui convient à leur succès. Il l'engage à recourir à l'homme à qui ces connaissances sont familières; il veut aussi qu'il consulte un architecte habile pour lui fournir les projets de fabriques qu'il serait avantageux d'introduire dans les scènes de ses jardins.

Sans doute le peintre n'a besoin d'acquérir aucune de ces connaissances ; mais comment supposer, que celui qui exerce l'art des jardins, les ignore ; qu'il puisse se passer de celles qui appartiennent au genre de culture que l'exécution des jardins nécessite ? Comment peut-il ne pas connaître cette partie de l'architecture, qui tient à la décoration et à la forme des bâtimens qu'il veut introduire dans les jardins ? Ce sont là les principaux objets de ses études, les premiers élémens de son art ; s'il ne s'en est pas préliminairement occupé, il n'obtiendra guère plus de succès dans ses productions que le peintre n'en pourrait espérer des siennes s'il ignorait les principes du dessin, et l'art de mêlanger ses couleurs sur la toile.

L'auteur blâme avec tous les gens sensés, ces productions, fruit du caprice et de la fantaisie , qui , sous le nom de *jardins anglais* , veulent avoir nécessairement une rivière, un vieux château , un moulin , une montagne, un tombeau , une pyramide , un obélisque , un pont rompu , etc.

    « Cependant, dit-il , malgré tous ces
,, ridicules , nous ne sommes pas fâchés
,, que l'on ait substitué cette métho-
,, de à la première , parce que nous
,, croyons entrevoir que le véritable
,, goût de la Nature naîtra de ces fo-
,, lies. Dans ces nouveaux jardins , on
,, ne taille pas les arbres , on ne les
,, aligne plus ; on les mêle davantage
,, avec des productions étrangères ;
,, l'eau n'est plus poussée en l'air ; on
,, la laisse tomber et jaillir naturelle-
,, ment. . . . . Il y a plus de mouve-
,, ment dans les terrains ; les construc-
,, tions y parlent plus aux sens ; et ce
,, dont on jouit , inspire le desir de ce

,, qui manque. ,, Cette observation serait plus que vraisemblable, si la mode n'avait pas plus contribué que le bon goût à donner la préférence à ce genre de jardin, et si les artistes qui s'adonnent à cet art, voulaient sérieusement en étudier les principes.

Toujours guidé par ce raisonnement, l'auteur ajoute : « Il n'est pas ,, besoin d'avoir tout dans un jardin. Si ,, l'ostentation ou l'entêtement inspire ,, cette fantaisie au propriétaire, il ,, sémera son or pour ne produire que ,, des minuties, qui feront ressembler ,, son jardin à ces plateaux de dessert ,, qui décoraient, il n'y a pas long-,, tems, les tables de nos modernes ,, Lucullus. ,,

Celui qui a dit : « qu'on ne crée ,, point la Nature, et que tout l'art ,, imaginable ne peut qu'aider à la ,, perfection, ,, prouve qu'il est capa-

ble de donner sur l'art des jardins de
solides conseils. « Sachez, dit-il aux
,, propriétaires et aux véritables ama-
,, teurs; sachez profiter de ce que vous
,, possédez, et ne cherchez pas à créer
,, ce que vous n'avez pas ; employez
,, votre argent à agrandir votre posses-
,, sion plutôt que de l'enfermer dans
,, un petit espace pour surcharger votre
,, terrain d'objets futiles, disparates et
,, ridicules, dont la multiplicité ne
,, dénote que la petitesse des idées et
,, le vide de l'imagination. ,,

Je me plais à mettre sous les yeux du
lecteur, ces excellens préceptes donnés
par un artiste célèbre, qui a si bien
su développer les effets de la Nature,
et les appliquer à l'art des jardins.

Je relèverai cependant une erreur qui
lui est, ce me semble, échappée. Trop
préoccupé de son art, il paraît avoir
perdu de vue celui des jardins dans ce

qu'il dit des gazons. Il les classe dans le nombre des objets ridicules qui entrent dans ces jardins qu'on appelle *anglais*, qu'il critique d'ailleurs si justement. „ Ces éternels gazons, dit - il, sont si „ unis, si ras, qu'on n'en distingue pas „ l'herbe et qu'on les prendrait pour „ du velours. „ C'est néanmoins par ces qualités que les gazons sont agréables ; c'est leur uniformité qui fait le charme des yeux ; les gazons sont la robe dont la Nature se revêt, quand elle veut se parer. Je conviens qu'ils font peu d'effet dans un tableau de paysage ; qu'ils sont froids et peu favorables à l'art du peintre, qui pour repousser les parties de son tableau qu'il veut éloigner, a besoin d'employer sur les devans des objets susceptibles de détails ressentis et des tons vigoureux, que l'herbe des gazons, fine, égale de forme et de couleur, ne peut lui fournir ; qu'il faut à son art pour produire de l'effet, des moyens par lesquels il fasse sentir sur un plan de niveau, des profondeurs et des renfoncemens, des distances. Mais que les objets qui entrent dans la composition des jardins, soient grands ou petits, qu'ils soient près ou loin, que leurs formes soient égales ou variées, l'œil ne juge pas moins leur distance. Ici, les espaces sont réels. Et puis, que substituer aux gazons pour couvrir le sol? Vous ne voudriez pas sans doute le voir nu et sans végétation......!

L'auteur se trompe encore quand il dit qu'on n'ose pas marcher sur les gazons soignés. Je lui répondrai que c'est pour les pieds autant que pour les yeux qu'ils sont faits. Plus ils sont foulés, plus ils sont beaux. Les chemins et les sentiers qu'on pratique dans les jardins, ne font que suppléer les gazons quand par l'humidité et le défaut d'entretien, ceux-ci ne sont pas pratiquables.

Si nous avons cru devoir excuser quelques erreurs échappées aux poëtes qui ont écrit sur l'art des jardins, en faveur des services qu'ils lui ont rendus ; ne devons-nous pas user de la même indulgence pour les paysagistes, qui, de leur part, lui ont été très-utiles ? Les peintres ont instruit le jardinier, en lui mettant sous les yeux les beaux effets de la Nature ; les poëtes l'ont échauffé par les élégantes descriptions qu'ils en ont faites. Il me semble néanmoins, qu'en traitant des jardins, les erreurs du poëte sont moins excusables que celles du peintre, qui, trompé par l'analogie qu'il y a entre son art et celui du jardinier, a pu aisément se méprendre. Le poëte n'est pas dans le même cas. Son art s'adresse à l'esprit ; celui des deux autres parle aux yeux.

8*

Je ne suivrai pas l'auteur dans la comparaison qu'il fait des jardins d'Italie avec ceux de la Nature, ni dans toutes les observations qu'elle lui suggère ; je passerai sous silence toutes ses réflexions sur les impressions que font les monumens et les lieux, qui, rappelant des événemens remarquables, réveillent des idées sentimentales ; tout cela appartient plus à l'art de la poësie, qu'à celui des jardins de la Nature.

APRÈS avoir passé en revue les meilleurs écrits sur cette matière, il ne sera pas indifférent de jeter un coup d'œil sur quelques-uns des jardins d'Angleterre les plus estimés ; ni de faire connaître les progrès que l'art a faits chez cette nation pensante, qui, la première, a osé le soustraire au joug de la symétrie, et qui, en substituant le crayon à la règle et au compas, l'a élevé au niveau des arts libéraux, recommandables par

le génie et le goût qu'ils supposent, et
par les jouissances qu'ils procurent.

Jardin de Slowe. Transportons-nous
d'abord dans le Jardin de Slowe près
Buckingham , appartenant à Lord
Temple. Des jardins d'Angleterre ,
c'est celui qui jouit de la plus grande
réputation. Planté, dans l'origine, d'a-
près le systême régulier , alors généralement adopté par toute l'Europe, ce
jardin se sent encore de ses premières
dispositions ; on les a laissé subsister
dans des parties essentielles, et on ne
voit pas pourquoi elles n'ont point été
détruites dans l'avenue ; elles se montrent sans altération dans la suite d'allées d'arbres alignés , plantés sur la terrasse qui embrasse tout le jardin et lui
sert de clôture. Elevée au-dessus du sol,
cette plantation régulière et non interrompue constraste désagréablement par
son uniformité avec les scènes d'où elle
est aperçue, et il en est peu auxquelles

elle échappe. Indépendamment de cet inconvénient, cette terrasse et les arbres qui la surmontent mettent en évidence les bornes du jardin ; et de presque tous les points, on en voit le terme.

L'empreinte de la régularité se laisse apercevoir dans l'ensemble et dans les détails, malgré les soins qu'on a pris pour la faire disparaître ; elle se fait sentir dans la trace de la plupart des allées, dans la forme des clairières, dans la correspondance des groupes de plantations ; elle se manifeste d'une manière frappante dans la position et la forme extérieure des deux gros massifs placés au-devant du château. Ces deux massifs, égaux en volume et de formes semblables, laissent entr'eux deux une ouverture qui présente une allée alignée et dirigée à angle droit, sur le milieu de la face principale de ce bâtiment, et leur retour trace deux allées latérales parallèles à cette même face. Disposition qui, comme on le voit, étant celle de tous les jardins réguliers, rappelle évidemment l'état primitif de celui-ci. Aussi sa composition actuelle n'ayant point été inspirée par la disposition du site, ni dirigée d'après la marche du terrain, le jardin ne présente-t-il ni genre déterminé ni caractère propre, il n'a pas même de tableau principal, par lequel l'œil puisse le juger. C'est une aggrégation de scènes indépendantes qui n'ont aucune connexion entr'elles. Les transitions de l'une à l'autre, étant inattendues et sans intermédiaires, l'impression qu'a faite la scène que l'on quitte est aussitôt effacée par l'impression de celle qui lui succède. De-là il arrive qu'après avoir parcouru ce jardin, rien de ce qu'on a vu ne reste dans la mémoire, ou ne s'y retrace qu'avec désordre.

Mais ce qui rend ce jardin vraiment remarquable, et ce qui lui a sans doute valu sa célébrité, c'est le nombre et l'importance des fabriques qu'il renferme, et sur-tout l'énorme dépense qu'elles ont occasionnée; et quoiqu'en général les Anglais prodiguent les bâtimens dans leurs jardins, il n'y en a chez eux aucun qui en réunisse une aussi grande quantité et où on en voie d'aussi considérables. Chaque scène a sa fabrique et quelques-unes en ont plusieurs. Ici c'est une église gothique; là c'est le pont de Palladio; ailleurs ce sont des colonnes isolées de la plus grande hauteur, surmontées de statues; toutes les portes qui servent d'issue sont accompagnées de pavillons ornés de toutes les richesses de l'architecture; on trouve dans ce jardin, nombre de monumens élevés à la mémoire de quelques amis ou de quelques grands personnages; des grottes, des ruines, des hermitages; des temples de tous les côtés; le temple de la Concorde et de la Victoire, le temple des Dames illustres:

on voit dans la même scène, le temple
de la Vertu antique, intact et parfaitement conservé, en opposition avec le
temple de la Vertu moderne, qui tombe
en ruine. Ces fabriques de tous genres,
qui pourraient à peine trouver place
dans le pays le plus vaste et le plus
varié, sont rassemblées dans un terrain
circonscrit et sans variété, d'environ
350 arpens. Il est peu de ces fabriques,
qui, par leur genre, leur caractère et
leur objet, ne soient déplacées dans un
jardin, et particulièrement dans celui
de Slowe. Loin d'embellir les scènes
auxquelles elles sont associées, loin de
concourir à leur expression, de telles
constructions les affaiblissent ou les
contrarient ; aussi est-on plus surpris
que flatté de les y rencontrer.

On a cru sans doute réparer ce
défaut d'expression, par les légendes,
les inscriptions, les sentences, les vers
grecs et latins, dont on les a surchargées,

mais ce moyen, étranger à l'art, est-il un supplément suffisant ? Ce secours impuissant peut tout au plus instruire le lecteur de l'intention, mais ne rendra pas cette intention sensible à l'œil du spectateur.

On conçoit difficilement, qu'avec un site heureux, des eaux abondantes, de beaux arbres, tant de dépenses, Slowe ne soit pas un des meilleurs jardins d'Angleterre. Mais on cessera d'être étonné, si l'on fait attention, d'une part, que la disposition des anciennes plantations, étant opposée à celles qu'on a eu le projet de leur faire prendre, a été un obstacle difficile à surmonter; et de l'autre, qu'à l'époque où ce changement a été exécuté, l'art ne faisait que de naître.

Blenheim, magnifique château et vaste parc, fut donné par la nation au fameux duc de Marlborough, en reconnaissance de ses services. Le jardin planté régulièrement a été recomposé depuis et rendu à la Nature par Brown, un des meilleurs artistes qu'ait produits l'Angleterre.

Le château que, vu sa grandeur et sa somptuosité, on peut appeler un palais, a été placé près d'un vallon profond, qui divise le jardin en deux parties. Pour établir une communication entr'elles, on a construit sur ce vallon, dont le fond n'était alors qu'un marais, un pont d'une dimension telle que la seule arche du milieu pourrait par sa hauteur et sa largeur le disputer à celle du Rialto qui traverse le grand canal à Venise.

Ce pont sans eau, était sans doute une fabrique déplacée ; et sa masse ne présentait qu'un effort sans nécessité. Aussi ce pont gigantesque et sans objet fut long-tems le sujet de la critique. Brown appelé pour réformer le jardin, imagina le seul moyen de la faire taire ;

il cherche, trouve, amène une rivière, et la fait couler dans le vallon. Dès-lors le pont est justifié, et n'est plus un hors-d'œuvre. La grande arche, dont une partie est cachée sous l'eau, ne paraît plus d'une hauteur démésurée et sa largeur se trouve proportionnée à celle de la rivière.

Pour produire ces heureux changemens, l'artiste est forcé d'élever la partie de la rivière sous le pont ; et de la soutenir au-dessus de celle qui fuit dans le vallon au-delà. Pour remédier à cet inconvénient, il lie les deux différens niveaux par une cascade de trente pieds au moins de largeur. Cette cascade construite avec beaucoup d'art et de goût, ajoute aux agrémens de la rivière et produit un effet d'autant plus agréable qu'il paraît naturel.

Cette opération ingénieusement conçue et conduite avec intelligence, a fait évanouir tout ce que l'ancienne disposition avait de ridicule ; et cette partie, autrefois la plus défectueuse, est aujourd'hui la plus intéressante. La rivière en effet, en embellissant le vallon, en a fait un des plus heureux accidens du site ; son éclat, sa fraîcheur, répandent un grand charme dans ce parc.

Brown ne s'en est pas tenu là ; en dépit des obstacles qu'il a dû rencontrer dans la méthodique distribution des anciennes plantations, il a su en effacer toutes les traces ; la composition générale ne paraît point en avoir souffert. Les tableaux sont dessinés avec la plus grande liberté, tous les effets sont vrais, les masses riches, les groupes heureusement distribués, les pelouses vastes et variées. Ce jardin, un des mieux traités, réunit dans son ensemble, la grandeur et la noblesse à une élégante simplicité : caractère qui constitue *le Parc*, seul genre de jardin que comportait le site, qui convenait à l'importance du château et à la dignité de la nation qui en a fait le don. (1)

Ce qui prouve encore, que Brown raisonnait son art, c'est qu'il ne s'est pas laissé subjuguer par la manie des fabriques, dont les anglais surchargent leurs jardins. Quoiqu'architecte lui-même, quoiqu'invité par la grande étendue du parc de Blenheim, il s'en est tenu à la cascade et à un pont en pierre, placé à l'extrémité de la rivière.

Le grand pont dont il a été fait mention ci-dessus ; un pavillon de forme gothique, placé à l'un des bouts du parc, pour jouir de l'aspect du paysage extérieur ; une haute colonne sur-

______

(1) Le choix que ce judicieux Artiste a fait du genre du *Parc* dans la composition du jardin de Blenheim, vient à l'appui des motifs sur lesquels j'ai fondé la division des genres qu'on lira dans le 2e Chapitre de cet ouvrage ; ce choix prouve que la division que j'ai faite n'est point arbitraire, et qu'elle est un principe de l'art.

montée de la statue du duc de Marlborough, fabrique de circonstance, sont trois autres fabriques de ce parc ; mais Brown n'en est pas l'auteur, elles existaient avant lui.

S'il existe peu de jardins en Angleterre où les véritables règles de l'art soient aussi exactement observées et aussi heureusement appliquées qu'à celui de Bleinhem ; il en est beaucoup où elles ont été négligées et qui, tels que celui de Slowe, doivent la célébrité dont ils jouissent à la magnificence des fabriques qu'ils renferment. Dans le nombre je citerai Kiew, à quelques milles de Londres appartenant au Roi, Stored à M. Holl, Wiltom à lord Pembrock, Hoatslands au duc de Newcastre, Hagley à lord Littleton. Tous ces jardins et bien d'autres que je passe sous silence, offrent des ruines, des hermitages, des grottes, des rochers, des tours, des bâtimens gothiques, chinois ;

on rencontre encore des temples antiques, des arcs de triomphe, des colonnes isolées surmontées de statues, etc.

Ces fabriques, il faut en convenir, sont la plupart copiées d'après les plus beaux monumens, mais il n'y en a presque pas une qui ne péche par sa disconvenance avec le site où elle est placée.

Cet abus et cette incohérence proriennent du peu d'égard qu'ont les Anglais pour ce qu'on appelle *le genre*, dans l'art des jardins. Leur indifférence à cet égard est telle, que les jardins auxquels ils donnent l'épithète d'un genre en ont à peine quelques traces. Le jardin de Wooburn, près de Weybrigde est, disent-ils, une ferme ornée, celui de Leasowes, dans le Shropshire, est une ferme pastorale.

Le manoir de Wooburn, sans être bien élégant, n'est nullement champêtre. Il est situé dans le bas d'un vallon en face d'un côteau assez rapide. Un gazon qui couvre tout le sol , et sur lequel on a jeté des massifs d'arbres et d'arbustes à fleurs , compose son jardin. L'une des allées qui circulent à travers les plantations renfermées entre deux haies , conduit par une pente assez rapide au haut du côteau où l'on a élevé une ruine. Voilà le tableau que présente Wooburn au premier aspect. Cette composition n'offre qu'un jardin d'agrément et n'a nul rapport avec le genre de la ferme.

A la vérité , il existe au - delà une plaine cultivée , divisée par des clôtures; mais ces cultures n'ont aucune liaison avec le manoir , d'où elles ne sont même pas aperçues.

Leasowes a un grand nombre de tableaux champêtres ; mais on n'y voit ni pâturages, ni enclos , ni bestiaux, ni aucun des bâtimens qui annoncent le genre de jardin dont on le qualifie. Le site et les fleurs sont agrestes , mais ne présentent rien de pastoral.

Il semble que l'Angleterre où la culture est en recommandation, où le plus grand nombre des hommes qui s'en occupent jouissent des avantages de l'instruction et des charmes de l'aisance devrait nous fournir les meilleurs modèles de ce genre de jardin.

Rendons graces cependant à cette nation d'avoir fait recouvrer à la Nature ses droits imprescriptibles , et d'avoir ramené l'art des jardins à ses vrais principes.

INTRODUCTION.

DES JARDINS RÉGULIERS.

Nos goûts, nos opinions même les plus accréditées, ne sont le plus souvent que des préjugés que l'aveugle habitude fortifie, et que la servile imitation per-pétue ; en vain la raison les combat ; l'habitude et l'imitation plus puissantes font taire la raison et la subjuguent ; nos mœurs, nos usages, la plupart des arts imaginés pour nos plaisirs, tout est soumis à leur autorité. Pour prou-ver leur pouvoir et montrer jusqu'où s'étend leur influence, je ne citerai, afin de ne pas m'écarter du sujet sur lequel je me propose d'écrire, que le genre de jardin que nous avons porté dans nos campagnes. Quoique l'ennui qui résulte de sa monotonie et de son uniformité soit depuis long-tems reconnu et généralement avoué ; quoique ce genre soit directement opposé à l'objet pour lequel l'art des jardins a été créé, art dont le but est de nous faire jouir des agrémens champêtres, en nous offrant les tableaux de la nature dans tous ses charmes ; cependant l'usage, la mode, l'exemple ont tellement prévalu, que la nation qui passe pour la plus délicate dans le choix de ses plaisirs, pour la plus inconstante dans ses goûts, pour la plus amoureuse de nouveauté ; que la nation qui a porté le plus loin la perfection des autres arts d'agrément, n'a jamais varié sur le genre froidement méthodique qu'elle a adopté dans l'ordonnance de ses jardins, et qu'aucun de ses artistes, très-ingénieux d'ailleurs, ne s'est avisé de se frayer une route nouvelle (1).

Je m'attends bien que plus d'un lecteur prévenu, n'imaginant pas qu'on puisse substituer, au genre de jardins qui existe, rien qui lui soit préférable, taxera tout au moins de singularité le systême proposé dans cette théorie, et que les nouvelles vues que je vais lui présenter sur cet art, quoique justifiées par la raison et avouées par le sentiment, quoique puisées dans la nature même (2), ne lui paraîtront pas moins hasardées.

Cependant s'il était un genre de jardin qui, présentant des moyens à l'imagination et au goût, restituât à la nature ses droits imprescriptibles, et à la culture ce qu'un luxe déplacé et mal entendu lui a enlevé ; s'il était un genre

---

(1) *Voyez* les notes à la fin de l'Introduction.

qui, aux agrémens qu'on recherche à la campagne, pût associer les bénéfices qu'elle nous procure, qui nous fît jouir tout à la fois du bien-être et du plaisir ; si, dis-je, ce genre pouvait exister, ne mériterait-il pas la préférence sur celui que nous avons si unanimement adopté ?

C'est ce genre même que je propose ici ; la théorie que je présente a pour objet les principes et les règles sur lesquels ce genre est fondé. D'après les ressources qu'il offre au génie, les talens qu'il suppose, le goût et les connaissances qu'il exige, et surtout vu la facilité avec laquelle il s'associe aux opérations productives de l'agriculture, je crois ne rien avancer de trop en affirmant qu'il peut trouver sa place parmi les arts agréables les plus recherchés, et les arts utiles les plus considérés, même figurer avec distinction à côté des uns des autres.

Quand on se rappelle que l'art des jardins fut un de ceux dont on s'occupa le plus dans le siècle dernier, siècle fameux, qui produisit une foule de grands artistes en tout genre, on est étonné sans doute qu'à cette époque si favorable au bon goût, à cette époque où les arts furent portés au plus haut point de perfection, ceux qui se livrerent à celui des jardins, aient pris le change sur son véritable objet; que, les yeux ouverts sur la nature qui leur traçait la route et leur montrait le modèle, tous sans exception aient dédaigné les beautés grandes et sublimes, les scènes enchanteresses et les effets pittoresques qu'elle leur offrait; qu'ils se soient obstinément éloignés des graces simples et séduisantes qui la parent et l'embellissent: graces dont le charme touche les moins sensibles, et se fait remarquer des plus inattentifs.

Qu'a pu se promettre en effet le premier qui, prenant en main les matériaux qu'il emprunta de la nature avec le projet d'en créer un jardin, osa les mutiler et tenta de les arranger dans un ordre opposé à celui qu'elle lui indiquait ? Comment ne prévit-il pas que, par l'effet nécessaire des lois de la perspective, la distribution régulière à laquelle il soumettait des objets vus en élévation, ne présenterait jamais à l'œil ce qu'elle promet dans le plan ? Il ne sentit donc pas qu'en substituant la sécheresse de la règle et du méthodique compas au trait libre et facile du crayon, l'art des jardins serait nécessairement borné à une combinaison froide et mécanique de figures de géométrie ; que ces formes, en trop petit nombre pour produire de la variété dans les effets, et presque toujours indifférentes dans le choix, n'enfante-

raient que des décorations monotones,
et conséquemment sans intérêt ? et
qu'enfin les formes régulieres et leur
symétrique distribution, laissant inactif
le génie du compositeur, n'offriraient
nulle ressource à l'imagination, nulle
prise aux combinaisons du goût, et
conséquemment aucun moyen d'émouvoir le sentiment ?

Un genre si pauvre dans ses effets, si
borné dans ses moyens, a cependant
été constamment préféré à la marche
libre et hardie de la nature, à la piquante variété de ses tableaux, à la richesse et aux charmes de ses scènes.
C'est à cet attrayant spectacle qu'on a
substitué celui d'une décoration froide
et inanimée qui ne suppose aucune
invention dans la composition, nul
talent dans l'exécution , puisqu'elle
n'exige, pour la produire, ni ce génie
créateur, ni ce goût fin, ni ce sentiment

délicat qui sont les guides dans la carrière des beaux arts (3). Comment donc ce genre a-t-il pu s'établir ? Comment a-t-il pu obtenir une préférence si universelle et si exclusive? Voici, ou je me trompe, la cause de cette méprise.

L'architecte qui projette un manoir à la campagne, porte naturellement et doit nécessairement porter son attention sur le sol où il asseoit sa construction ; mais l'espace borné par l'influence du bâtiment et par les besoins que demande sa destination, s'étendit sous la main de l'artiste constructeur bien au-delà, et se prolongea jusqu'au jardin, qui ne fut regardé que comme une dépendance du bâtiment ; dès-lors cet artiste en fit une branche de son art. Le compas et la règle déjà sous les doigts, habitué d'ailleurs à calculer les surfaces, à symétriser les espaces, l'architecte, entraîné par l'habitude de tracer des formes régulières, soumit l'ordonnance du jardin à ces mêmes formes, aussi nécessaires aux productions de son art qu'étrangeres et peu convenables à celui des jardins. Par une correspondance d'angles et de lignes, il établit des rapports et des proportions entre le bâtiment, qu'il prit pour l'objet principal, et le jardin, qui ne lui parut que l'accessoire. Il fit plus, confondant les principes de deux arts qui ont un but si opposé (4), il s'égara jusqu'à ordonner le plan du jardin comme celui d'une maison. Au moyen de charmilles qu'il planta et convertit en murs, il divisa le terrain en salles, en cabinets, en galeries ; par une suite de cette fausse analogie, il donna à ces pièces, ainsi qu'à celles d'une habitation, des formes carrées, rondes, octogones ; il leur ouvrit des portes, les éclaira par des fenêtres ; il les décora comme un appartement avec des vases, des niches; il les meubla comme des chambres avec des tapisseries de verdure, du treillage, des siéges; il figura des dortoirs; il édifia ainsi jusqu'à des salles de spectacle, et n'oublia pas le minutieux et puérile labyrinthe. Enfin il poussa la manie de l'imitation jusqu'à loger dans ces prétendus appartemens des statues, habitans insensibles autant qu'immobiles, bien faits sans doute pour un si triste séjour.

Toujours architectes quand il fallait être jardiniers (5), les artistes, par une suite de la même méprise, assujettirent à la plus exacte régularité l'eau même, cet élément si mobile, qui ne plaît que lorsque, libre, il ne reçoit ses formes que des contours irréguliers des bassins naturels qui le contiennent ou dans lesquels il coule; ils ne craignirent pas d'exposer une habitation à l'insalubrité en renfermant dans des murs une eau rarement limpide quand elle est stagnante et en petit volume. Ni l'effroi que les eaux inspirent lorsque, enfoncées et profondes, elles présentent des dangers; ni l'embarras qu'elles donnent pour les amener par de longs et souterrains détours, ni les efforts qu'elles exigent pour les élever et les soutenir au-dessus de leur niveau naturel; ni la difficulté de les retenir dans des bassins factices, entreprise si souvent incertaine; ni l'énorme dépense enfin qu'entraînent toujours ces prétendus embellissemens, comparée aux médiocres effets qui en résultent : aucun de ces inconvéniens si frappans ne leur ouvrit les yeux. Toutes ces considérations cependant auraient bien dû, ce me semble, désabuser l'artiste éclairé et rebuter le propriétaire le plus desireux de ces coûteuses fantaisies.

Ce n'est pas tout encore : trop préoccupés de leur méthode, ces mêmes artistes couperent par étage le terrain que la Nature avait incliné; ce qui les força à soutenir ces plans de niveau et en l'air par des murs et quelquefois par des talus durs et roides, aussi inflexibles que le fer qui les façonna. En dénaturant ainsi la marche du terrain, en substituant des ressauts secs et heurtés à la grace, à l'élégance des mouvemens donnés par la nature, ils firent perdre au site l'effet heureux que lui procure le jeu des pentes, jeu qui donne à la marche du terrain ces accidens variés qui en font le charme. Déplorable manie! Il en résulta, outre la nécessité de construire des murs, celle d'établir, ainsi qu'on est forcé de le faire dans les maisons à divers étages, des escaliers pour servir de communication entre les différens niveaux (6). L'aspect de tant de constructions, de tant de murs, de tant de pierres là où l'œil ne cherche que de la verdure, là où il s'attendà voir des arbres, des fleurs, ajouta encore la sécheresse à la monotonie.

On ne s'est pas contenté d'altérer la marche du terrain, on a osé défigurer les arbres, un des plus remarquables, des plus magnifiques présens que nous ait faits la nature, et l'objet le plus essentiel de ceux qui entrent dans la composition des jardins. Peu satisfait de les avoir soumis à des formes bizarres, on a assujéti à la même figure ceux qu'on a symétriquement associés; on les a arrêtés à la même hauteur et distribués à d'égales distances; et pour que rien ne manquât à l'uniformité, on les a voulu du même âge et de la même espèce; ils sont enfin si exactement semblables dans nos jardins qu'on doute, en les voyant, s'ils n'ont pas été jetés dans un moule commun (7). La nature, non contrainte, en eût dessiné les formes, en eût varié les contours avec les graces élégantes et négligées dont toutes ses productions portent l'empreinte ; mais d'impitoyables manœuvres, le croissant et le ciseau à la main, façonnent la tête des uns en cubes, en sphere, en pyramide, forcent les branches des autres à s'étendre en éventail, à s'arrondir en voûte ; ils tranchent, ils coupent, ils ne font pas grace à la moindre brindille qui s'échappe, à la plus petite feuille qui excède ; l'objet le plus agréable et le plus varié devient, sous leur fer barbare, le plus pauvre et le plus informe. En vain son peu de vigueur, en vain sa tendance opiniâtre à reprendre ses formes primitives annoncent sa répugnance ; il sera taillé, estropié, martyrisé jusqu'à ce qu'enfin, fatigué, languissant, il périsse sous l'instrument meurtrier qui ne cesse de le tourmenter. Mutiler ainsi un des plus beaux objets, une des plus élégantes productions de la nature, serait-ce l'embellir, la rectifier? C'est bien plus encore que la défigurer, c'est l'outrager.

Le nombre des formes régulières étant borné, il résulte de là que les jardins, à la composition desquels on applique ces formes, doivent nécessairement se ressembler. Et qui n'a remarqué, aux dimensions près, que tous les jardins réguliers se ressemblent en effet? Froids et méthodiques, les compositeurs de ces symétriques jardins suivent constamment la même marche; et quelle que soit la disposition du terrain, ils le soumettent toujours aux mêmes distributions. Aussi, ces compasseurs placent-ils une allée d'un côté? vîte ils tracent sa jumelle de l'autre; plantent-ils un bosquet à droite? il lui faut son correspondant à gauche. Dans toutes leurs dispositions enfin , se copiant les uns les autres, ces jardiniers géomètres alignent scrupuleusement , sur le milieu du bâtiment principal et à angle droit de sa face , une longue allée qui ne laisse entrevoir que , comme à travers un tube , ce que le hasard a placé audelà (8). Tant pis pour le spectateur, si l'ouverture , dans sa direction , ne lui présente rien qui le flatte ; il faut qu'il regarde là et non ailleurs. De côté ou d'autre , peut-être se fût-il rencontré un lointain agréable qui eût terminé heureusement le tableau ; en sacrifiant à droite ou à gauche quelques-unes des plantations exigées par le systême régulier; peut-être aurait-on pu jouir d'une perspective aimable qui eût égayé l'aspect, embelli la scène : tous ces accidens qui font le charme d'une situation et qui donnent de la grace au tableau , seront perdus pour ne s'être pas trouvés directement placés sous l'angle droit de la face principale du manoir (9).

C'est, on n'en saurait douter, de cette ressemblance qu'ont entr'eux tous les jardins de ce genre, de l'uniformité qui règne dans toutes les parties, que naît l'ennui qu'ils nous font constamment et bientôt éprouver. Ce sentiment nous affecte plus promptement encore dans ces jardins fastueux où l'on a cru suppléer à l'agrément par le luxe, où l'on a prodigué les ornemens de l'art et la richesse des matières, où l'on a fait concourir à leur embellissement l'architecture, la sculpture; où les eaux contraintes, jaillissant en maigres filets et suivant avec effort une route opposée à celle que leur a tracée la nature, s'élancent vers la région d'où elles devraient tomber. C'est à cette fastueuse monotonie, qui peut surprendre au premier coup-

d'œil et flatter l'amour-propre du propriétaire, mais qui sera toujours sans
charme et sans attrait pour son cœur;
c'est à cette fastueuse monotonie, dis-je,
qu'il faut attribuer cet instinct qui le
force lui-même à sortir de ses pompeux
jardins (10), et les lui fait traverser par
la voie la plus courte pour aller jouir
des simples mais attrayans tableaux
champêtres; pour errer le long des
haies qui bordent et ombragent les chemins du village; pour parcourir les sentiers tortueux qui divisent les champs
du canton; pour gravir le long des
côteaux du voisinage par les routes obliques qu'a tracées le hasard ou le besoin.
Attiré par les charmes du paysage et la
variété des scènes qu'il lui présente,
autant que repoussé par l'insipide uniformité de son parc, il préfère à son
magnifique et long canal, les bords
d'une rivière dont les eaux claires et

limpides ont , dans leur libre cours ,
façonné ses rives inégales et variées ; il
abandonne , sans les regretter , ses tristes et froids bosquets symétrisés, pour
s'enfoncer dans un bois négligé que la
main de l'homme n'a pas gâté , où les
groupes d'arbres , inégalement distribués , attirent et récréent le regard par
leur variété ; où les massifs entre-coupés
de clairières laissent , par leur heureuse
disposition , jouer l'ombre et la lumière
sur la pelouse qui tapisse le sol. Entraîné par un charme toujours nouveau , il parcourt le vaste pâturage entretenu et animé par les bestiaux de la
commune , ou bien il descendra dans
ce vallon enrichi d'une prairie ombragée que rafraîchit sans cesse le ruisseau
qui en suit librement la pente et les
détours (11).

· A de si pressans motifs de bannir la
symétrie des jardins destinés à orner

nos maisons de campagne, tous fondés
sur le goût et le sentiment, je n'ajouterai qu'une observation : je ferai remarquer que la sécheresse et la roideur
des formes régulières étant diamétralement opposées à celles qu'affecte la nature, les jardins à qui les premières ont
servi de règle, font tache dans le paysage dans lequel ils sont inscrits, qu'ils
en troublent l'accord, qu'il y a entre
eux une sorte de solution de continuité qui s'oppose à toute liaison. De
là la nécessité de circonscrire et de
renfermer les jardins réguliers, dont la
marche ne saurait s'associer avec celle
de la nature, dont les effets ne peuvent se lier avec aucun des objets et
des tableaux extérieurs ; d'où il arrive
que, quelle que soit l'étendue qu'embrassent ces sortes de jardins, on en
aperçoit bientôt et facilement les limites, parce que les jardins réguliers les

plus spacieux, n'occupant d'ordinaire qu'une petite partie du site dans lequel ils sont placés, paraîtront toujours bornés dans leurs dimensions ; car là où l'art cesse, la nature reparaît nécessairement ; inconvénient que n'ont pas les jardins qui prennent leur type dans cette même nature. Quelque peu d'étendue qu'ils aient, ils font, en s'associant à elle, partie du site dans lequel ils se trouvent placés, et n'ont de limites que celles du paysage qui les environne.

FAUT-IL conclure de tout ceci que la régularité, que les ornemens de l'art doivent être exclus de tous les lieux auxquels on a donné le nom de jardin ? Non. Que la géométrie trace, que les arts décorent ces enceintes qui sont une dépendance des palais, des hôtels, j'y consens. Là rien n'empêche qu'on ne se livre à tout ce que peut inspirer un

goût personnel. La forme presque toujours régulière du terrain , son peu de
surface , l'importance du bâtiment , dont
l'influence se fait sentir sur tous les
points de l'étroit espace qui l'environne,
tout cela permet sur un semblable local
l'application de tous les genres et même
de toutes les fantaisies. Mais pour celui
qui ne se laissera pas abuser par le
mot , il ne verra dans ces sortes de
jardins que des cours décorées dont le
principal objet n'est pas de présenter
un tableau champêtre , mais dont le
vrai but est d'égayer , par quelque
moyen , une enceinte destinée à donner de l'air et du jour à une habitation.

Il est cependant un cas où la symétrie peut être mise en usage avec
succès , et où l'application de ce genre
de décoration paraît justifiée par des
motifs raisonnés ; c'est lorsqu'il s'agit de
jardins publics. Ces lieux , qui font

partie d'une ville, ne sont sous le rapport de leur destination que des places
plantées d'arbres, où les citoyens se
rendent, non dans l'intention d'y jouir
des agrémens de la campagne, mais
pour y prendre un exercice de quelques momens, se délasser de leurs travaux, ou pour y étaler le luxe de leur
parure et satisfaire leur curiosité. Le
premier ornement de ces lieux est dans
le concours général ; quelque décorés
qu'ils soient, ils ne plaisent que dans
les momens où ils sont fréquentés. C'est
là qu'il faut un terrain bien nivelé, des
allées alignées ; c'est là que, pour orner
sa composition, l'artiste peut appeler
à son secours tous les arts de décoration, employer les matières les plus
riches et faire usage des formes régulières ; c'est là enfin qu'il faut que la
disposition soit telle, que les promeneurs de l'un et l'autre sexe, dont le

but principal est de voir et de se montrer, embrassent l'ensemble d'un coup-d'œil et paraissent eux - mêmes avec avantage , parce qu'ils y sont tout à la fois et spectateurs et spectacle (12).

Voilà , puisqu'on veut les appeler ainsi, les jardins qu'il convient de confier aux architectes ; ces jardins font partie de leur art et sont soumis au régime de leurs principes ; mais qu'on cesse de transporter dans nos campagnes un genre qui y est absolument déplacé , et qui n'eût jamais dû sortir de l'enceinte des villes où il a pris naissance ; c'est lui donner une extension aussi vicieuse que peu raisonnée. Cette licence impardonnable est la source du faux goût , qui a dirigé depuis trop long-tems la composition des jardins destinés à nos manoirs des champs. Non, ce ne sont point les prétendues beautés de la régularité , de la symétrie ; ce n'est pas le luxe, ni les arts qu'il traîne à sa suite qu'on va chercher à la campagne ; ils y figurent mal. C'est à la campagne qu'on se réfugie pour fuir tout ce qui sent le faste et la contrainte. Les champs, asyle de la liberté, séjour de la paix, offrent des beautés d'un autre ordre ; il ne faut pour les sentir que simplesse et tranquillité. Eh ! quel moyen plus efficace pour en faire jouir, que le spectacle de la nature et le tableau des scènes champêtres !

Je finis par cette observation : une maison de campagne n'est pas un palais, une ferme n'est pas un hôtel ; en un mot, une habitation aux champs est tout autre chose qu'un manoir à la ville. Dans celui-ci, on passe ses jours sous des toîts ; presque toutes les jouissances du citadin sont dans des lieux circonscrits par des murs. A la campagne, elles se trouvent partout. Celui qui vit aux champs ne se tient renfermé que lorsqu'il ne peut pas être autre part. Le manoir n'est, pour ainsi dire, qu'un accessoire pour lui. Dans ces deux positions, le bâtiment d'habitation ne saurait être le même et veut avoir un caractère, une disposition, des entours tout différens. Reléguons dans les villes les maisons magnifiques et décorées ; abandonnons aux citadins les productions des arts de luxe ; laissons-les sous leurs riches lambris ; mais posons comme axiôme que nos habitations à la campagne ne doivent être que simples et riantes, propres et commodes ; que nos jardins ne peuvent être agréables que lorsqu'ils présentent des scènes champêtres, puisées dans les tableaux de la nature. Cherchons les élémens de l'art qui peut nous les procurer ; art simple, mais digne, par le goût qu'il exige, par les agrémens et les plaisirs

qu'il nous procure, d'exercer les artistes
de notre nation. Guidés par le raisonnement et le sentiment, essayons d'en
développer les principes ; voyons par
quels moyens on peut, autour de nos
manoirs des champs, distribuer les beautés éparses de la nature sans les défigurer ni les altérer ; comment enfin le
goût les assemble et l'art les rapproche
sans les entasser.

NOTES

DE L'INTRODUCTION.

PAGE 3.

(1) Il faut en excepter Dufrény : cet artiste ingénieux, lorsque Louis XIV, décidé à établir sa cour à Versailles, y voulut faire des jardins, présenta à ce monarque, concurremment avec Lenôtre, des projets dont la composition avait pour objet des scènes puisées dans les effets de la nature. Il faut convenir pourtant que, quoique doué d'une imagination vive et féconde, Dufrény n'avait sur les jardins de ce genre que des idées encore peu digérées ; son projet, d'une grande conception, n'était qu'une aggrégation de tableaux incohérens, un mélange de scènes factices et naturelles, dont l'ensemble présentait des effets plus bisarres qu'agréables, plus singuliers que vrais. Louis XIV, moins rebuté des vices du projet qu'étonné de la nouveauté du genre, hésita quelque tems, et finit par donner la préférence au genre de Lenôtre ; les plans de celuici, plus faciles à saisir, et d'ailleurs plus susceptibles de s'associer aux arts de luxe, décidèrent ce monarque magnifique. Mais Dufrény fut le premier qui fit un pas dans la carrière, où depuis personne ne s'était avisé de se montrer.

PAGE 3.

(2) Le mot *nature* a une acception très-étendue; pour être compris, je dois fixer ici celle que je lui donne constamment dans cet ouvrage. Par ce mot je désigne tout ce que présente à nos regards le globe que nous habitons. Ainsi les cieux, les nuages, les vapeurs, la lumière et ses effets, les saisons considé-rées dans les accidens qui résultent de leur succession; le terrain sous le rapport de ses mouvemens et de ses inégalités, les eaux sous leurs différens états, la végé-tation relativement à la forme et aux couleurs de ses productions; enfin tous les effets que, dans leur asso-ciation, ces différens objets font sur le sens de la vue, et tels que le paysagiste les transmet sur la toile : voilà ce que je veux faire entendre par le mot *nature*.

Que si, dans quelque occasion, il m'arrive de me ser-vir de ce mot sous une autre acception, c'est qu'alors cette acception ne sera pas équivoque. Je me propose aussi, à l'égard des tableaux que j'aurai à peindre, de mettre dans le choix des expressions toute la précision dont je suis capable. Ce n'est pas dans un ouvrage didac-tique, tel que celui-ci, qu'on doit se permettre ces expressions vagues, allégoriques dont le poëte revêt ses pensées : expressions qui, plus brillantes qu'exactes, présentent des images souvent sans corps, quoiqu'elles ne soient pas toujours sans couleurs. Les effets de la nature sont si prononcés, les sentimens qu'ils font naitre sont si frappans, que ni les uns ni les autres n'ont besoin d'un pareil secours pour les peindre; il suffit d'en des-siner les tableaux avec exactitude et de leur donner leur véritable couleur. Sans doute que, vu la nouveauté de la matière, et le côté par où je l'envisage, je serai forcé quelquefois, pour me faire mieux entendre, d'emprunter des arts de goût et d'imagination les mots et les expressions techniques qui leur sont consacrés ; mais ce ne sera que dans le cas où ils aideront à peindre avec plus d'énergie et à rendre plus sensibles les effets que présente le spectacle de la nature.

PAGE 8.

(3) Avec la règle et le compas, il n'est point de jardin régulier qu'on ne puisse composer ; avec le cordeau et la toise, il n'en est aucun qu'on ne puisse tracer sans effort et sans tâtonnement. Ceux qui ne penseront pas comme moi sur le peu de goût et de talent qu'exigent la composition et l'exécution des jardins réguliers, pour lesquelles le crayon est inutile, pour lesquelles il n'y a ni à modifier les formes, ni à hésiter sur le choix et la place des matériaux qu'on y emploie ; ceux, dis-je, qui à cet égard ne penseront pas comme moi, ne manqueront pas de me citer Lenótre. Loin de chercher à atténuer la réputation de cet homme célèbre, je conviendrai qu'il sut s'élever au niveau des moyens que lui fournissait un roi fastueux et puissant. Peut-être faut-il compter ces moyens au nombre des causes qui lui firent préférer le genre régulier à celui de la nature ; parce que, le mettant à portée d'employer avec profusion le luxe des arts et la richesse des matières ; et que, plus desireux d'étonner que de plaire, il se laissa éblouir lui-même par leur

éclat. Je conviendrai encore que LENÔTRE a porté la magnificence des jardins réguliers aussi loin qu'elle pouvait atteindre, qu'il a laissé derrière lui tous les artistes qui l'avaient devancé, qu'il n'a été surpassé par aucun de ceux qui l'ont suivi dans la même carrière ; je conviendrai de tout cela : mais de ce que, depuis lui, le genre n'a pas fait de progrès, je me garderai d'en conclure que les artistes qui lui ont succédé avaient moins de talent ; j'en tirerai la conséquence plus juste que ce genre, borné dans ses moyens et dans ses effets, n'était pas susceptible d'un plus haut degré de perfection.

D'après l'opinion que j'ai du génie de LENÔTRE, je ne doute pas que, s'il avait pu s'y livrer, cet artiste n'eût préféré le genre de jardins qui prend la nature pour son modèle, et qu'il n'y eût parfaitement réussi. Le genre qu'il a choisi pour décorer les jardins publics, ceux des maisons royales, des palais, est, comme je le ferai voir dans la suite de l'Introduction, le seul qui leur convient, et jusques-là LENÔTRE eut raison ; son erreur a été d'avoir porté ce genre dans nos campagnes. Je suis bien tenté de croire que ce ne fut pas tout à fait la faute de cet artiste s'il l'employa indifféremment dans tous les lieux qu'il fut chargé de décorer : il est plus que vraisemblable qu'après avoir exécuté les jardins de Versailles, de Trianon, des Tuileries, LENÔTRE ne fut plus le maître de travailler d'après un autre système que celui qui lui avait acquis sa réputation, et qu'il eût en vain voulu faire usage de celui qui puise ses exemples dans les effets de la nature. La Nation éblouie par le luxe et la richesse des jardins qu'il avait dirigés, portée d'ailleurs à imiter son monarque, adopta sans hésiter le genre auquel Louis XIV avait donné la préférence. Les grands, les courtisans, les riches, n'imaginant même pas qu'il pût y en avoir un autre, tous, jusqu'aux plus simples particuliers, le desirèrent et le voulurent dans leur campagne. Ainsi toute la France, et puis toute l'Europe, à qui la France donnait alors le ton, ne voulurent plus de jardins que ceux du genre de Lenôtre. Voilà sans doute comment, entraîné par l'engoûment général, et forcé par sa propre réputation, cet artiste négligea les convenances et oublia la nature.

PAGE 9.

(4) Avant d'être un art, l'architecture ne fut long-tems qu'un tâtonnement sans principes. Fille du besoin, elle ne s'occupa dans sa naissance que de ce qui était de première nécessité. Elle employa d'abord le bois, matière plus aisée à mettre en œuvre, tant par sa forme naturelle, que par la facilité de la travailler. Les édifices devenant plus considérables, le desir de les rendre durables devenant plus pressant, au bois on substitua la pierre. Cette nouvelle matière, plus dure, plus difficile à manier et à assembler, mit le constructeur dans la nécessité d'étudier les lois de la solidité ; alors l'architecture eut recours aux sciences exactes, telles que le calcul, la géométrie, la mécanique. Ce fut alors que l'architecture devint vraiment une science et un art.

D'après cet exposé assez vraisemblable de l'origine et des progrès de l'architecture, qui ne voit que la distribution symétrique des formes données aux édifices, n'est qu'une suite nécessaire de l'application que l'architecte fit de ces sciences à son art. Fondées sur des rapports et des proportions, ces sciences lui apprirent que quånd une partie fait effort d'un côté, la solidité exigeait que de l'autre il opposât une résistance égale pour faire équilibre. A cette égalité de poids, de pression, de poussée, qui nécessitaient l'égalité dans les parties correspondantes, se réunissait encore l'homogénéité des matières mises en œuvre.

La symétrie étant le résultat de la solidité, met entre les parties correspondantes d'un bâtiment des rapports d'égalité, d'où provient dans l'ordonnance des édifices la régularité, qui est la première loi de leur décoration, et celle que s'impose tout architecte quand il projette.

Il est donc démontré par le raisonnement et par le fait, que la corrélation, que l'exactitude des rapports entre le tout et chaque partie d'un édifice, est la base des principes, des règles et des beautés de l'architecture. Pourquoi donc l'architecte a-t-il assujetti aux principes de son art ceux de l'art des jardins ? art auquel les lois de la solidité, et conséquemment de la régularité sont absolument étrangères ; art dont la marche, les matériaux, les effets et le but sont si différens. Cependant cette confusion existe depuis long-tems, et les productions qu'elle enfante ont encore des partisans et trouvent même des défenseurs.

PAGE 10.

(5) On ne confondra pas sans doute celui que j'appelle ici *jardinier*, avec celui qui cultive et entretient les jardins. La langue n'a pas encore adopté de mot pour désigner l'artiste qui professe cet art tout nouveau; elle n'en a pas même pour le genre de jardin dont il s'agit, qu'on appelle, par opposition au genre régulier, *jardin anglais*, parce que l'Angleterre a été la première nation de l'Europe à l'adopter. Je suis donc obligé de me servir du nom de *jardinier*, auquel j'ajouterai quelquefois l'épithète d'artiste pour éviter l'équivoque, et celle *de la nature* pour le genre de jardin qui est l'objet de cet ouvrage. Un jardin qui a la nature pour modèle n'est pas plus anglais que français : la nature est de tous les pays.

PAGE 12.

(6) Sans doute que pour communiquer aux différens étages d'une maison, il est absolument nécessaire de recourir à des escaliers ; mais cette nécessité peut-elle en justifier l'usage sur un terrain destiné à la promenade, où des communications faciles peuvent s'établir sur les côtes, même les plus rapides, au moyen des pentes dirigées avec art ? Quoi de plus incommode que des marches dans un jardin ? certainement de toutes les manières de parvenir d'un point à un autre, celle de monter et de descendre par des marches est la moins naturelle et la plus fatigante. Eh bien ! malgré

ces inconvéniens très-sensibles, de presque tous les manoirs de nos campagnes on ne parvient dans les jardins qu'à l'aide de longs escaliers, puis des escaliers encore, pour franchir de hautes terrasses, construites quelquefois sans la plus petite nécessité, et seulement comme ornement indispensable : tant la mode et l'imitation raisonnent peu !

Cette manie si universelle d'entourer de terrasses les manoirs de la campagne, entraîne après elle bien d'autres inconvéniens encore. Persuadé qu'une surface bien nivelée suffit pour asseoir convenablement le bâtiment et en justifier la position, on se contente de cette précaution, quelle que soit d'ailleurs la marche du sol qui l'environne ; on ne consulte ni le mouvement naturel du terrain, ni la liaison que le bâtiment doit avoir avec lui, deux objets si essentiels à la situation et quelquefois à la salubrité de l'habitation. La beauté des aspects aurait en vain concouru au choix de la position ; il arrive toujours, par l'effet de ces terrasses prolongées, que l'œil ne pouvant apercevoir ce qu'elles lui dérobent, ne jouit que d'une partie du tableau que le site lui présente. Enfin, ces longues et hautes terrasses séparent le manoir du site, de manière que l'un paraît étranger à l'autre, tandis que l'agrément d'une situation est dans leur liaison intime ; et souvent cette désunion est telle que la propriété paraît, par cette solution de continuité, être bornée à la seule enceinte de la terrasse.

Je ne puis quitter nos manoirs des champs sans faire quelques remarques sur l'insipide décoration dont ils sont communément entourés. Il serait difficile d'en citer un seul qui n'ait pas sous ses fenêtres un parterre pour son embellissement. Cette décoration si universellement adoptée, prouve bien et le peu de ressource qu'offre le genre régulier, et l'empire de l'imitation.

Par quel charme cette minutieuse décoration a-t-elle acquis le pouvoir d'écarter du manoir les graces de la nature pour prendre leur place? Que peut donc avoir de si séduisant une surface rectangulaire scrupuleusement nivelée, sur laquelle on a tracé symétriquement une broderie aussi puérile qu'insignifiante? Quel plaisir peuvent procurer, quel intérêt peuvent produire ces compartimens dérobés à la menuiserie? que peuvent-ils avoir de commun avec l'art des jardins?

J'oserai demander encore quel agrément offrent ces froids bosquets dont on encadre ces arides parterres; inabordables retraites où l'œil est attristé par la monotonie; où la hauteur, l'épaisseur des charmilles qui les enclosent, opposent un obstacle invincible à la circulation de l'air. Impénétrables aux rayons salutaires et bienfaisans du soleil; étouffans dans les momens de chaleur, humides dans les autres, ces bosquets sont partout et toujours abandonnés, parce qu'il n'est aucun instant dans la journée, aucune époque dans les différentes saisons où ils puissent offrir même une retraite supportable.

P A G E 13.

(7) Ne serait-on pas tenté de proposer aux amateurs de ce genre de décoration, d'élever dans leurs

jardins dès simulacres d'arbres construits en planches sous la forme que les tondeurs donnent aux leurs, de les distribuer comme de coutume, c'est-à-dire, à l'aide du cordeau et de la toise, et puis de faire feuiller cette construction par le pinceau? Sans rien perdre des effets qu'ils chérissent, ce moyen leur procurerait nombre d'avantages; ils jouiraient sans discontinuité et sans altération de leurs arbres sous les formes auxquelles ils mettent un si grand prix; ils n'auraient pas le désagrément de voir les branches dépouillées de leurs feuilles quand les arbres sortent de dessous l'outil qui les a taillés, inconvénient qui, vu le moment où cette opération est possible, a toujours lieu à l'époque de leur plus riche parure. De plus, ces arbres comptés ne seraient pas sujets aux accidens qui en font périr quelques-uns, et dont le remplacement demande de si longues années avant de pouvoir égaler leurs pairs; enfin ces arbres seraient hors des atteintes de la sécheresse dans l'été, à l'abri de la chûte des feuilles en automne; il n'y aurait même point d'hiver pour eux. En admettant ma proposition, on ne sera pas exposé à une végétation qui contrarie sans cesse; on jouira d'une régularité inaltérable, d'un ombrage aussi étendu et même plus épais, et sans les attendre des années, on aura des avenues, des allées droites toutes formées, composées d'arbres exactement semblables et constamment de la forme desirée. Ces arbres feuillés au pinceau, étant confiés à d'habiles mains, offriraient du moins quelque attrait à l'homme de goût. De plus, cette opération une fois faite épargnerait au propriétaire la dépense annuelle et assez considérable qu'entraîne la tonte annuelle, et celle des machines ambulantes que cette opération exige.

Cette proposition ne saurait paraître ridicule ni déplacée à ceux qui ont introduit dans leur jardin, sous le nom de perspective, ces simulacres de paysages et de fabriques faits au pinceau. Serait-il moins extraordinaire de mettre dans un jardin des arbres en sculpture qu'un site en peinture? Décoration feinte pour décoration factice, je ne vois pas entre l'une et l'autre une si grande différence. Dès qu'on s'est permis de mettre la représentation à la place de la chose représentée, l'image à celle de la réalité, je ne sais trop ce qu'on peut raisonnablement opposer à ma proposition.

P A G E 16.

(8) Un objet qui ne s'associe, qui ne se groupe avec aucun autre, quelque agréable, quelque piquant qu'il soit, ne produira jamais un tableau. Un tableau suppose une composition; une composition suppose une aggrégation d'objets, et de cet ensemble naît un tableau. Or l'étroit espace renfermé par une allée en ligne droite, bordée d'arbres de chaque côté, (espace qui, par l'effet des lois de la perspective, se resserre d'autant plus que l'allée est plus longue) ne laissant voir au-delà qu'un objet unique, n'offrira jamais à l'œil un tableau. C'est sans doute de cet usage de rétrécir le cadre d'une perspective jusqu'à ne permettre d'en apercevoir qu'un point unique, qu'est venue l'expression de *point de vue*. Cet objet seul, isolé et quel-

quefois voilé en partie, nécessairement et perpétuellement aperçu, finit par ennuyer et même par fatiguer
le promeneur, dont le regard ne peut se porter ailleurs.
Plus l'objet est remarquable, plus il lui déplaît; mieux
vaudrait qu'il n'aperçût rien.

P A G E 17.

(9) A tant de précautions pour diriger l'œil, ne
serait-on pas tenté de croire que ces compositeurs
ignorent que l'organe de la vue est mobile dans son
orbite; que la tête joue sur son pivot; que les vertèbres
se prêtent aux diverses inflexions du corps; et que, par
la combinaison de tous ces mouvemens, le spectateur
sans changer de place, indépendamment du secours
de ses pieds, peut de son regard parcourir le cercle
de l'horizon dans presque toute sa circonférence?

Si les connaissances élémentaires et indispensables
que doit acquérir celui qui se destine à l'art des jardins devaient trouver place dans cet ouvrage, parmi
le nombre de celles qu'il ne doit pas ignorer, je n'aurais pas oublié les lois de la vision : il y aurait appris
que le faisceau de rayons que les objets éclairés ren-
voient à l'œil forme un cône, dont le sommet vient
frapper cet organe; que l'angle solide de ce sommet
comprend à peu près soixante degrés ; que les objets
contenus dans la base de ce cône sont les seuls qui
viennent se peindre sur la rétine ; mais que ceux qui
occupent le centre du cône sous l'angle d'environ trente
degrés sont les seuls distinctement aperçus; qu'au-delà
de cet angle les objets sont d'autant plus faiblement
tracés dans l'organe, que les rayons sont plus diver-

gens : attention de la nature qui, ne pouvant peindre distinctement dans l'organe qu'une partie du tableau, avertit l'œil par cette précaution, et l'engage à se tourner vers ce qu'il ne fait qu'entrevoir.

Vouloir donc diriger le regard par d'autres moyens que ceux qui flattent le sens qui en est l'organe, c'est priver l'homme d'une des plus précieuses facultés que lui ait accordées la nature, ou tout au moins rendre cette faculté inutile. D'après cela, que penser d'un art qui peut contraindre l'organe le plus mobile et le plus libre, et qui prétend le diriger à son gré, sans le consulter ni lui offrir ce qui peut lui plaire et l'attirer ?

PAGE 18.

(10) Dans les jardins de ce genre, le propriétaire, enfermé dans ses murs ; entouré de ses charmilles, se ménage d'ordinaire une petite porte, par laquelle il s'échappe. Elle est là moins pour sa commodité que comme un moyen de se dérober à l'ennui que lui font éprouver et son symétrique parterre et ses froids bosquets ; ou bien il élève à l'une des extrémités de son enceinte, et dans le point d'où il peut jouir du spectacle de la campagne dans sa naïve mais aimable simplicité, une terrasse ou un pavillon, indice certain d'un jardin monotone et sans charme.

PAGE 19.

(11) Tous mes lecteurs n'approuveront pas, sans doute, la préférence que j'accorde aux simples tableaux

champêtres sur les effets qu'offrent les jardins réguliers, même les plus magnifiques. Qu'il me soit permis
de motiver cette préférence, et l'on verra qu'elle est
fondée, non sur un goût personnel et d'opinion, mais
sur le sentiment et la raison. Je ferai observer d'abord
que les productions des arts de luxe, étrangères aux
tableaux de la nature, sont conséquemment déplacées
dans les jardins qui prennent ces tableaux pour modèle ; et puisque le genre régulier, pauvre d'effet,
dénué d'agrément, s'est vu forcé pour couvrir sa nudité de recourir à la richesse des matières, de s'associer les arts de goût, de se parer de leurs productions,
on pourrait appliquer aux jardins de ce genre le mot
dit à ce peintre dont le tableau représentait Hélène
sans graces ni beauté, mais surchargée de riches ornemens : *Tu l'as faite riche n'ayant su la faire belle.*
Je ferai remarquer ensuite que les formes régulières,
que les distributions symétrisées, compassées, sont
si facilement saisies, qu'au premier aperçu on les sent,
on les juge, sans même qu'il soit besoin de les suivre
dans tout leur développement. L'œil n'a-t-il pas en
effet la perception de la totalité d'un cercle, de celle
d'un triangle, ou de toute autre surface régulière dont
il ne voit qu'une partie ? n'a-t-il pas acquis la connaissance de la gauche d'un jardin symétrique quand il a
vu la droite ? Il ne se donnera donc pas la peine de se
détourner. Que doit-il voir qu'il n'ait déjà vu ou pres-
senti ? De plus ces formes, dont le nombre est borné,
sont si connues qu'elles ne sauraient piquer la curiosité.
De là vient qu'on a pour elles une sorte d'indifférence.
Il n'en est pas ainsi des tableaux de la nature ; les

formes qu'elle donne aux traits qui les dessinent sont tellement variées, que, toujours imprévues, elles sollicitent sans cesse le regard ; ces formes se combinent et se modifient de tant de manières, que les sites en acquièrent des caractères très-différens et en reçoivent des expressions souvent très-opposées, quoiqu'ils soient composés des mêmes objets. En effet, deux perspectives offertes par la nature, deux ruisseaux dont elle a dirigé le cours, deux côteaux, deux vallons façonnés de sa main, même deux arbres de la même espèce, échappés librement de son sein, ont-ils jamais entre eux une parfaite ressemblance ? Mais, à leurs dimensions près, quelle différence y a-t-il entre deux jardins réguliers? A quoi distinguera-t-on l'un de l'autre deux parterres, deux canaux tracés par l'art ? quelle différence présentent deux allées alignées, deux arbres soumis au croissant, deux cercles, deux carrés, et enfin toutes les formes que tracent la règle et le compas? Et où me conduirait la comparaison, si, avec la variété, la grace des tableaux qu'offrent les jardins modelés sur la nature; si, avec leurs nuances et les impressions qu'ils produisent sur l'œil et sur l'ame ; si, dis-je, je mettais en parallèle la froideur, la monotonie et l'apathie dans laquelle nous laissent les jardins tracés d'après le systéme régulier ? Que de motifs de préférence les premiers ne me fourniraient-ils pas !

Non, vous ne plairez à l'homme, vous n'arriverez à son cœur, vous n'ébranlerez ses affections, vous n'éveillerez son imagination qu'en interrogeant, qu'en consultant ses goûts, qu'en ayant égard aux rapports qui existent entre ses sensations et les sentimens qu'elles excitent en lui. Or la symétrie, l'uniformité, la régularité, qui toutes laissent l'imagination inactive et le cœur froid; qui ne sauraient ni piquer, ni entretenir la curiosité; qui n'ont nul moyen de captiver l'attention, n'auront jamais le privilége d'émouvoir et de plaire.

Je ne prétends pas établir cependant que la symétrie et la régularité soient partout à rejeter; que dans aucun cas elles n'aient des avantages et même de la grace : elles sont nécessaires, elles plaisent associées à la plupart des arts utiles et d'invention humaine, témoin l'architecture qui en tire sa principale beauté. Sans elles, les édifices manqueraient de cette harmonie qui fait leur plus grand charme. La symétrie et la régularité sont nécessaires partout où doit régner l'ordre dans la distribution des parties d'un tout, soit pour l'utilité, la commodité, soit pour l'agrément; dans nombre de ses productions, la nature elle-même ne les néglige pas, quand l'exige le goût ou le but qu'elle se propose; mais, je le répète, elles sont déplacées dans les arts d'imagination, et surtout dans ceux qui prennent la nature pour modèle, quand elle ne les y a pas appelées.

P A G E 24.

(12) Il est un autre motif qui, dans l'ordonnance de ces sortes de jardins, sollicite les formes régulières, les allées alignées; il tient à la décence, qui demande que les lieux où s'assemble le public soient ouverts de toutes parts; qu'ils n'offrent ni asyles cachés ni retraites solitaires et détournées, à la faveur desquelles

on puisse se soustraire aux regards du public. Des plantations en lignes droites, des arbres régulièrement espacés, qui laissent pénétrer l'œil de tous les côtés, sont donc encore sous ce rapport les distributions les plus convenables et les plus propres à remplir le but pour lequel les jardins publics ont été institués.

THÉORIE DES JARDINS,

OU

L'ART DES JARDINS

DE LA NATURE.

CHAPITRE PREMIER.

*Du spectacle de la Nature, et des avantages
de la campagne.*

DE tous les objets qui frappent nos regards, il n'en est point dont les impressions soient aussi vives, il n'en est point
qui aient un empire aussi universel sur le
cœur de l'homme que le spectacle de la
Nature. Grand et majestueux, il nous
étonne et nous en impose; aimable et intéressant, il nous charme et nous attire.
Ainsi la Nature, simple et tout à la fois

magnifique, tire de la disposition, de l'accord des objets dont elle compose ses tableaux, et les effets sublimes qu'elle nous présente, et les graces naïves qui la parent. Variée dans ses formes, riche dans son ordonnance, proportionnée dans ses inégales dimensions, elle se modifie à l'infini. Tantôt grave et sérieuse, tantôt gaie et riante ; ici bruyante et agitée, ailleurs silencieuse et tranquille, la Nature embrasse tous les caractères, elle trace des tableaux de tous les genres. Quelquefois mâle et vigoureuse dans son style, tranchée dans ses couleurs, opposée dans ses teintes, elle nous frappe par la hardiesse de ses transitions, et nous surprend par la bizarrerie de ses contrastes. Souvent égale, simple et négligée, elle nous plaît par la mollesse de ses coutours, par la douceur de son ensemble, et nous enchante par la suavité et l'harmonie de ses teintes. Enfin, libre dans sa marche, variée dans ses effets, la Nature n'est jamais plus aimable que dans ses irrégularités ; elle ne paraît jamais plus intéressante que dans ses caprices : admirable dans ses écarts mêmes, elle se montre sublime jusque dans ses apparens désordres.

Indépendamment de ses beautés et de ses charmes, dans sa tendre sollicitude cette bienfaisante Nature, constamment occupée de notre bien-être et de notre bonheur, nous mène sans cesse de l'espérance à la jouissance de ses dons, en nous ouvrant son sein ; non-seulement elle se pare et s'embellit pour nous plaire, mais mère aussi prévoyante qu'attentive, elle pourvoit, par ses inépuisables productions, en même tems à nos besoins les plus pressans et les plus indispensables, et à nos plaisirs les plus vrais et les plus purs.

La campagne, source des utiles présens que la Nature nous prodigue, théâtre de sa magnificence et de sa libéralité : la campagne est pour celui qui l'habite l'asyle du bonheur et des jouissances ; la vie y coule sans inquiétude et sans remords dans des occupations agréables et fructueuses; l'ame y est saine et le cœur en paix. Son séjour calme la violence des passions destructives et malfaisantes, et entretient, par une douce fermentation, la bienveillance pour ses semblables et tous les sentimens honnêtes. L'homme débile y recouvre ses forces, le malade sa santé. Elle procure le plus salutaire délassement au citadin laborieux qui vient s'y distraire des travaux de la ville; elle offre une retraite tranquille au militaire qui a rempli sa périlleuse carrière; le riche détrompé y trouve le vrai bien que lui promirent en vain les faveurs mensongères de la fortune; elle est l'asyle de l'heureuse médiocrité et la ressource la plus assurée du pauvre; elle fait les délices de la vieillesse et l'espoir des jeunes gens. Le philosophe l'aime, la contemple et s'en occupe; le sage en connaît le prix et en jouit; les poëtes la chantent, les peintres l'imitent; son attrait se fait sentir à tous les cœurs; il est indépendant des caprices de la mode et de la variation des opinions. En un mot,

la campagne a eu et aura des partisans et
la Nature des admirateurs dans tous les
pays et dans tous les siècles. Plus les mœurs
seront simples et pures, et moins le goût
sera corrompu, plus les biens et les plaisirs
qu'elle procure seront recherchés.

Que s'il se rencontrait un lecteur qui,
préférant le tumulte des villes, fût insensible à tant de charmes et d'avantages réunis, qu'il referme ce livre et n'aille pas plus
loin ; il ne saurait en entendre le langage ;
la Nature est morte pour lui.

CHAPITRE II.

De la division des Jardins.

Tout art a ses principes et ses règles. Ce sont les principes qui posent les bornes au-delà desquelles toute production devient licencieuse ; ce sont les règles qui, servant de point d'appui, facilitent l'étude, hâtent les progrès, préviennent les écarts ; elles sont le fil qui, dans ses productions, guide l'artiste et l'empêche de s'égarer. En vain l'on objecterait que, dans les arts de goût, les règles donnent des entraves à l'artiste qui s'y assujettit ; l'homme de génie les soumettra sans peine à ses hautes conceptions ; il saura bien les faire fléchir, et même les franchira au besoin.

Je n'ignore pas que dans les sentiers non encore battus où je m'engage, la marche est vacillante et peu sûre, les écarts sont à craindre. Entraîné par les charmes d'un art tout nouveau, je me suis livré à la recherche de ses principes, et j'ai cédé au desir d'ouvrir la carrière, laissant au tems et à l'expérience, ces deux grands maîtres qui épurent le goût et perfectionnent les connaissances humaines, le soin de confirmer, modifier ou rejeter les règles que je vais proposer.

Un beau ciel, un air pur, un terrain fertile, un sol couvert de verdure, des eaux limpides, l'ombrage des bois furent sans doute les objets qui, dans l'origine, fixèrent les premiers regards de l'homme ouvrant les yeux sur sa demeure, et dont il dut être le plus vivement affecté. Ignorant alors les moyens de rapprocher de lui ce qui lui était utile, il alla le chercher là où la Nature le lui présentait ; mais une fois réuni en société, le desir d'avoir sous sa main les productions de première nécessité lui apprit à les cultiver autour de sa retraite. Ce premier pas fait, il rechercha ce qui pouvait rendre facile et agréable une culture fructueuse placée sous ses yeux. Ce fut là, selon toute apparence, l'origine des jardins ; et si l'on en juge d'après la description qui nous reste de ceux d'Alcinoüs, il paraît que les jardins d'alors différaient peu de ceux dont, par induction, je viens de tracer une esquisse. Et tels seraient peut-être encore les nôtres, si l'inégalité des fortunes et la différence des rangs, résultats nécessaires de la sociabilité, n'eussent pas corrompu le goût et ne nous eussent pas blasés sur les affections naturelles. Sans doute que le spectacle de la Nature, sans cesse sous les yeux, parut trop simple, trop ordinaire, et que ses beautés et ses charmes devinrent insipides ; peut-être aussi que la nécessité de partager avec tous une jouissance qui appartient à tous également, fit que ces mêmes beautés, admirées d'abord, cessèrent de plaire à des hommes trop préoccupés de leur supériorité et de leur opulence ; alors il leur fallut des jardins factices, des décorations artificielles. A force de raffinement et de dépense, ils desirèrent et cherchèrent des genres de jardins qui n'appartinssent qu'à eux, et auxquels le vulgaire ne pût atteindre. Pour y parvenir, ils écartèrent tout ce qui était de la Nature, ou défigurèrent tout ce qu'ils furent forcés d'emprunter d'elle. De là naquirent ces jardins de l'art qui ont eu si long-tems la préférence sur ceux de la Nature. Forcé d'admettre les distinctions établies dans l'ordre social, elles serviront de base aux divers genres de jardins dont je vais présenter la division, sans néanmoins m'écarter de la Nature, ce modèle invariable du vrai et du beau, auquel un charme irrésistible ramène à la fin tous les hommes, quelle que soit la force de leurs préjugés et celle des chaines de l'habitude.

Le voluptueux, le riche, le simple citoyen et l'homme de goût ayant chacun des moyens, des mœurs, des manières de voir, et j'oserais presque dire des sensations différentes, ces différences en mettent nécessairement dans leurs jouissances. Les hommes élevés en dignité ou favorisés de la fortune, qui veulent sacrifier à leurs plaisirs la vaste enceinte de terrain qu'ils possèdent à la campagne, font le jardin que j'appellerai *le Parc*. Celui qui a aux champs une propriété utile et qui veut la rendre en même tems agréable, obtiendra le jardin que j'appellerai *la Ferme*. C'est pour le délicat voluptueux qui préfère les graces de la Nature à la magnificence de ses tableaux, qu'est destiné *le Jardin proprement dit*. L'homme de goût, négligeant toutes ces distinctions, mais sensible à toutes les beautés de la Nature, cherche à les rassembler, et fait, en leur soumettant sa propriété des champs le jardin, que j'appellerai *le Pays*.

Je comprendrai donc sous quatre genres principaux, tous les jardins qui prennent la Nature pour modèle et ses beautés pour objet : *le Parc*, *le Jardin proprement dit*, *le Pays* et *la Ferme*. Ces quatre genres, par les modifications infinies dont ils sont susceptibles, renferment toutes les espèces. Chacun d'eux cependant a son caractère propre. La variété et le pittoresque appartiennent au *Pays*; la noblesse et la grandeur au *Parc*; la grace et l'élégance au *Jardin proprement dit*; la simplicité et l'utilité sont réservées à *la Ferme* (1).

Le *Pays* admet toutes les scènes de la Nature, quel qu'en soit le caractère; il ne connaît de limites que celles que pose la Nature elle-même; il s'empare de tout ce que l'œil peut embrasser; il n'a pas de point principal qui soit le centre de la composition et auquel elle se rapporte. Le manoir même du propriétaire n'est qu'un accident dans l'ensemble. Les aspects rians, les tableaux sombres, le cultivé, le sauvage, les scènes les plus vastes, les effets les plus hardis, les perspectives les plus pittoresques sont de son ressort. Il adopte ce que le spectacle de la Nature offre de plus surprenant, de plus singulier, et se contente de ce qu'il produit de plus simple et de plus ordinaire. C'est pour le jardin du *Pays* que sont plus particulièrement réservés les

---

(1) *Voyez* les Notes à la fin du volume.

grands contrastes et toutes les richesses de la variété. Ce genre tire sa beauté de sa marche libre et de son désordre apparent. Il néglige les petits détails, il exclut rigoureusement les recherches affectées et surtout ce qui, dans la composition, laisserait apercevoir de l'intention dans l'arrangement et du dessein dans l'exécution. J'appellerais volontiers ce genre, destiné à présenter la Nature dans sa richesse et sa vérité, le jardin par excellence.

Le *Parc*, moins varié dans ses accidens, demande aussi moins d'abandon dans l'exécution ; ses tableaux veulent être largement dessinés ; les effets en doivent être grands et nobles ; les transitions y seront moins fréquentes et moins hardies que dans le *Pays*. Le *Parc*, supposant une propriété, suppose un local choisi ; il exige conséquemment que les scènes principales soient disposées pour l'agrément du manoir. L'opulence du maître doit s'annoncer par l'importance et le goût des bâtimens, par une propriété étendue, par des masses de bois considérables, de vastes pelouses et des eaux imposantes par leur volume. Ce qui caractérise plus particulièrement ce genre de jardin, c'est une sorte de grandeur dans l'ensemble et une noble simplicité dans l'ordonnance. Quoique le *Parc* soit le résultat de la combinaison, il n'en doit pas moins pour cela présenter des effets avoués par la Nature.

Le *Jardin* proprement dit, encore plus resserré dans ses limites, est plus réservé dans ses effets ; il se distingue par l'élégance, la fraicheur et la propreté ; il se prête aux détails, il se contente d'un petit nombre de scènes ; mais il les veut voluptueuses et riantes. Il fuit les grands contrastes, les perspectives négligées, âpres ou sauvages ; il craint les formes dures et sèches ; il n'admet que les contours doux et les touches délicates ; il aime à se parer de fleurs. Pour former ses frais bocages, il choisit les plus riches et les plus brillantes productions de la végétation. Dans ses effets, ce genre peut, jusqu'à un certain point, s'écarter de cette exacte vérité recommandée dans les deux autres, parce qu'il est le moins sévère de tous; cependant, quelque liberté qu'il admette, il faut que dans ses écarts même on retrouve la Nature, qu'elle s'y fasse voir, mais dans toute sa fraîcheur et parée de toutes ses graces : c'est un tableau en miniature.

La *Ferme*, dont le principal objet est l'économie et l'utilité, s'annoncera par son air champêtre et négligé. Sans prétention, sans art apparent, sans ornemens affectés, la *Ferme*, ainsi que la naïve bergère qui l'habite, tire son plus grand charme de sa simplicité. Ce genre de jardin admet plusieurs espèces; il reçoit son caractère de celui de ses cultures et du site sur lequel l'établissement est assis; ses scènes, animées par le travail et le mouvement, enrichies par la variété des productions, peuvent être quelquefois rustiques, mais jamais sauvages. Les bâtimens qu'exige sa manutention doivent, quoique simples et modestes, présenter un tableau pittoresque par la diversité de leurs formes et par leur association avec les arbres destinés à ses besoins. Les prairies et les vergers seront les bocages de cet asyle champêtre. Ce genre, par la distribution bien entendue et par le produit de ses cultures, aura l'avantage inestimable de réunir l'agrément à l'utilité.

Ces quatre genres ne sont pas cependant tellement distincts, tellement séparés qu'ils ne puissent tenir les uns des autres. Un très-grand *Parc*, dont le site a beaucoup de mouvement, et qui embrasse plusieurs tableaux de différens caractères, se rapproche un peu du *Pays*. Le *Jardin* proprement dit peut, par son étendue et la variété de ses sites, se rapprocher du petit *Parc*, mais jamais du *Pays*. Quant à la *Ferme*, trop éloignée des trois autres genres par son caractère et par son objet, elle ne saurait dans aucun cas se confondre avec eux; elle peut bien faire partie du *Pays*, mais elle n'aura jamais rien de commun avec le *Parc*, ni le *Jardin* proprement dit;

l'élégance de l'un, la noblesse de l'autre sont trop opposées au ton négligé et agreste de la *Ferme*; la plus ornée même ne peut jamais prétendre à se les associer, sinon par des intermédiaires et des transitions bien ménagées qui demandent beaucoup d'art et de goût.

Le genre une fois déterminé d'après les définitions qu'on vient d'établir, c'est du caractère particulier du site sur lequel le *Jardin* sera placé que celui-ci recevra le sien, caractère qui en constitue l'espèce. Cette observation est essentielle; l'artiste qui, avant ses premières dispositions l'aurait négligée, aurait fait une faute irréparable, et dès le principe son projet serait manqué sans retour. Pour ne pas tomber dans les méprises où pourrait le jeter l'oubli de cette observation, il examinera son terrain de tous les points, dans toutes les saisons et même dans les différentes parties du jour; il l'envisagera sous toutes ses faces, sous tous ses rapports, soit pour en saisir l'ensemble, soit pour en

pressentir les détails ; enfin s'il ne veut
pas se tromper sur le véritable caractère du
site, il se rendra un compte bien réfléchi
de la sensation qu'il lui aura fait éprouver.
Ce début est important ; le succès en
dépend ; sans ce préliminaire , le compositeur marchera sans but, il opèrera sans
règle , et il aura travaillé sans gloire.

Il faut supposer encore qu'avant de se
livrer à de telles entreprises , l'artiste aura
perfectionné son talent par la réflexion et
l'expérience ; qu'il aura formé son goût par
l'étude du dessin et la contemplation de la
Nature, son unique modèle ; qu'il l'aura
épiée dans ses tableaux, dans ses effets ;
qu'il aura pénétré dans ses plus petits détails ; qu'il se sera rendu compte des moyens
qu'elle emploie pour former ses devans et
ses lointains , pour se ménager des transitions et opérer des contrastes ; qu'il aura
été attentif à la manière ingénieuse dont
elle dispose ses plans , aux effets que ses
scènes empruntent de la lumière et des
ombres , ainsi que des prestiges de la pers-

pective tant aérienne que terrestre. Ces études faites, il aura déjà beaucoup acquis ; cependant il lui restera encore à connaître en particulier les matériaux dont la Nature compose ses scènes, leurs rapports, leurs plans, leur dépendance mutuelle, l'art enfin avec lequel elle les fait valoir les uns par les autres. Nous allons dans le chapitre qui suit lui mettre ces matériaux sous les yeux ; quand il les aura examinés, quand il aura rassemblé toutes les connaissances que l'art exige, alors, et seulement alors, qu'il prenne le crayon et projette (2).

CHAPITRE III.

Des matériaux qui entrent dans la compo-
sition des scènes de la nature.

Tous les matériaux qui entrent dans la
composition des scènes de la Nature ne
sauraient être à la disposition de l'homme;
les uns sont dans un état de variation perpétuelle qu'il ne saurait fixer; il en est d'autres
qui, quoique stables et permanens, ne
lui laissent pas de prise; il en est sur lesquels
l'artiste a plus ou moins d'empire; il en
est enfin dont il dispose à sa volonté.

Le climat, les effets produits par le
soleil relativement aux saisons et aux diverses époques de la journée; la vaste enceinte des cieux que de mobiles nuages et
des couleurs variables décorent de formes
et de tons sans cesse renouvelés : toute
cette partie des matériaux de la Nature
n'est point soumise à l'art du jardinier.

L'artiste ne peut ni les ordonner ni les changer à son gré ; mais il doit les consulter ; il doit y avoir égard dans ses compositions, puisqu'ils entrent dans l'ensemble et font le complément de ses tableaux. Il a plus de pouvoir, quoiqu'à différens degrés, sur le terrain considéré dans ses développemens, ainsi que sur les rochers et les eaux ; mais les productions de la végétation, dont la terre se couvre, depuis le chêne superbe jusqu'à l'herbe qui rampe, se soumettent à ses vues sans résistance.

Quoique les bâtimens, ouvrage de l'industrie humaine, soient d'un ordre différent, ils doivent néanmoins être comptés dans le nombre, non des matériaux de la Nature, mais de ceux qui concourent à former un paysage ; le besoin qui leur a donné naissance, le grand nombre d'objets auxquels ils sont appliqués, les ont si abondamment multipliés, qu'il est peu de sites dans la composition desquels ils n'entrent comme accidens remarquables. Envisagés sous ce point de vue, ils sont du ressort de l'artiste jardinier.

Le climat, les saisons, les effets de la lumière, le terrain, les rochers, les eaux et les productions de la végétation, voilà donc les seuls matériaux dont la Nature compose tous ses tableaux ; ce sont là les uniques çouleurs dont elle charge sa palette et la toile sur laquelle elle les mê-lange.

Quand on jette les yeux sur le spec-tacle de la Nature, on ne sait ce qu'on doit le plus admirer, ou le petit nombre de matériaux avec lesquels elle opère cette prodigieuse variété d'effets, cette immense collection de tableaux, cette incalculable diversité de sites, ou l'art ingénieux avec lequel elle les ordonne et les assortit, les mêlange et les modifie. Quelle grandeur dans les effets, quelle simplicité dans les moyens ! Sous tous leurs rapports ces ma-tériaux sont, pour l'artiste qui se donne à la composition des jardins, l'objet le plus sérieux de ses études, et le sujet de ses plus profondes méditations. Pour jeter quelque lumière sur cette partie importante de l'art, nous allons porter sur chacun d'eux un regard particulier, et en faire la matière d'autant de chapitres.

CHAPITRE IV.

Du Climat.

AINSI que ses intempéries, chaque climat a ses beautés, ses effets et ses productions. Dans les pays situés sous le soleil brûlant de la zône torride et au milieu des frimats du Nord, la Nature n'offrant pas les mêmes tableaux, les moyens et les procédés de l'art des jardins doivent se conformer à sa marche. Eloignés de l'un et de l'autre excès, abandonnons les observations qui leur sont particulières, et ne nous occupons que de celles que nous fournit la température du climat sous lequel nous sommes placés; nous allons en voir les effets dans la peinture des saisons (1).

CHAPITRE V.

DES SAISONS.

Il y a des scènes plus agréables dans le printems ; il y en a de préférables dans l'été, l'automne a des agrémens qui lui sont propres ; l'hiver même, cette saison où la Nature est sans vie, l'hiver peut encore offrir quelque charme dans nos climats et être susceptible de certaines jouissances, auxquelles ceux qui passent leurs jours aux champs ne sont pas insensibles.

§. I. *Du Printems.*

Le printems est le réveil de la Nature ; elle a alors la fraîcheur, les graces de la jeunesse ; tous ses tableaux se colorent de teintes éclatantes. Cette intéressante saison anime tout ; elle met en action tout ce qui respire, tout ce qui végète ; et dans les douces et vives émotions qu'elle fait éprouver à l'homme, il croit reprendre lui-même une nouvelle vie.

La pureté de l'air, la renaissance des beaux jours, la chaleur vivifiante du soleil, le développement des germes et de toutes les parties de la végétation, le vert tendre des gazons, celui dont les arbres se parent, les couleurs vives et variées des fleurs qui se pressent d'éclore, le chant mélodieux des oiseaux mêlé au bêlement des troupeaux que l'herbe nouvelle attire aux champs : tous ces objets rendent la Nature agissante et la campagne animée, et présentent à l'œil un spectacle ravissant. Il n'est aucun de nos sens qui alors ne soit voluptueusement affecté, et qui ne porte à l'ame une émotion délicieuse.

Artiste jardinier ! as-tu le projet de faciliter à l'amateur qui te confie le soin de ses plaisirs les jouissances qu'il attend de cette charmante saison ? Réunis dans une même scène ce qu'elle produit de plus riant et de plus frais. Souviens-toi que,

quoiqu'invité par le charme que les premiers efforts de la Nature présentent alors
sous nos climats, cette saison inconstante,
inégale dans ses commencemens, se res-
sentant quelquefois de l'inclémence de
celle à laquelle elle vient de succéder,
l'homme n'ose encore s'éloigner de sa demeure. Pour le faire jouir des charmes de
ces premiers momens, rapproche de son
manoir les productions dont cette saison
s'embellit : sur un tapis de gazon dont tu
auras déjà verdi l'entour de son habitation,
distribue, sous les formes pittoresques dont
la Nature dans son élégant désordre t'a
fourni le modèle, les arbres, les arbrisseaux, les arbustes qu'embellissent les
fleurs, cette brillante production du printems. Aux fleurs qui sont les avant-cou-
reurs des richesses que la bienfaisante Nature nous promet, préfère celles que, par
leur éclat, leur élégance et leurs essences
voluptueuses, elle paraît avoir plus particulièrement destinées à nos plaisirs. Eh!
qui n'a remarqué avec quelle profusion

elle les fait naître alors ! sous combien de
formes, dans ses inépuisables combinaisons elle les a dessinées ! avec quel luxe
elle les a colorées ! avec quelle abondance
elle en a multiplié les espèces ! avec quelle
richesse et quelle grace enfin elle en a
varié les tons et assorti les nuances !

Déjà familier avec l'immense collection
qui compose cette classe de ses productions (1), l'artiste dont le crayon se sera
exercé d'après les beaux tableaux de la Nature, associera ces brillans matériaux avec
goût et saura les mêlanger avec succès.
Il n'oubliera pas cependant que les fleurs
n'ont qu'une existence passagère ; que les
arbres et les arbrisseaux qui leur donnent naissance leur survivent pour les re-
produire ; et que, quoique dénués de cet
ornement, les uns et les autres n'en sont
pas moins les élémens essentiels de sa
composition, et les principaux objets de
ses tableaux (2). Qu'il se ressouvienne
surtout que toute composition qui, au
premier aspect, ne produit pas vivement et

promptement l'impression qu'elle doit faire éprouver, sera nécessairement sans charmes, sans attrait, parce qu'elle sera sans caractère et sans objet ; il faut qu'ainsi qu'on le voit pratiqué dans les arts de goût et par les artistes distingués, sa composition présente un sujet principal fermement prononcé ; qu'elle fasse naître dans l'ame du spectateur, et au premier aspect, un sentiment précis, distinct ; qu'elle fasse sentir et connaître sans équivoque le but du compositeur ; il faut enfin que ce sentiment, loin de s'affaiblir, se fortifie par les détails et les accessoires (3). D'après ce précepte essentiel, sans lequel il n'agiterait ni l'ame ni le cœur, il disposera par masses et par groupes variés les arbres et les arbustes qui doivent faire le fond de son tableau. Les arbres, les arbrisseaux, les arbustes sont les principaux matériaux qui entrent dans les scènes de ce genre ; il les emploiera donc de manière à en tirer le plus grand avantage ; il donnera à ses masses plus ou moins de profondeur, plus ou

moins d'élévation ; ici elles seront irrégu-
lièrement arrondies et là plus alongées,
plus inégales ; ailleurs des groupes d'une
moindre proportion , mais plus serrés ,
présenteront par leur association des masses
plus étendues et cependant plus légères ;
tantôt, pour les faire contraster , il mettra
les groupes en opposition ; tantôt il les réu-
nira par des liaisons intermédiaires. Dans
quelques circonstances , il les rendra plus
sombres , dans d'autres plus aériens en les
composant de plants plus ou moins légers
ou moins élancés. Tous ces groupes , tous
ces massifs ingénieusement combinés laisse-
ront entre eux des clairières secondaires variées dans leurs formes et leurs dimensions,
liées quelquefois à la clairière principale, avec
laquelle elles iront se marier. Cet assemblage
de groupes, de massifs et de clairières présente une foule d'accidens qui donnent de
la grace à l'ensemble et la répandent jusque
sur les plus petits détails. C'est encore de
ce mélange de groupes et de clairières que
naissent ces saillies et ces renfoncemens

qui jettent du mouvement dans le tableau, et procurent aux formes une indécision dont les effets, toujours nouveaux, bien préférables à ceux de la symétrie, n'ennuient et ne lassent jamais. C'est enfin de ces mêmes saillies que le compositeur obtiendra les oppositions de lumière et d'ombre si piquantes, dont le jeu produit, dans les différentes époques de la journée, des aspects si dissemblables, quoique les objets n'aient souffert aucune altération dans leur forme et dans leur position.

Le goût, qui doit toujours diriger l'artiste, lui indiquera les circonstances où il convient d'orner quelques-unes de ses clairières par des arbres ou des groupes isolés, jetés avec intelligence et placés avec choix; il préférera pour ces effets les arbres les plus remarquables par l'élégance de leur forme ou par un caractère particulier, sans oublier ceux qui se distinguent par la singularité de leurs accidens ou par la beauté de leur port, de leur feuillage et de leurs fleurs : ce sont là de ces touches délicates que l'artiste ne doit pas négliger.

Veut-il enfin donner à sa composition tout l'éclat, toute la fraîcheur qui convient à la scène et à la saison ? qu'il mette en évidence les arbrisseaux et les arbustes les plus riches en fleurs ; qu'au centre de ses massifs il fasse pyramider les plus élégans ; enfin, s'il veut réunir à ces touches brillantes ce qui peut ajouter l'intérêt au sentiment, que dans les lieux les plus convenables il rapproche les arbres les plus élevés pour que les rameaux dont ils se couronnent présentent, par leur libre entrelacement, des voûtes ombragées et sombres qui attirent le promeneur et l'engagent à s'y enfoncer. Bref, il faut que, par l'art qu'il aura mis dans toutes les parties, tous les tableaux, au moindre mouvement du spectateur, paraissent toujours nouveaux. Mais il n'obtiendra cette variété, qui fera le charme le plus puissant de sa composition, qu'en évitant soigneusement tout ce qui approche des formes régulières, tout ce

qui tient à la symétrie ; autant l'uniformité
des effets qui en résultent dépla t et repousse , autant la vue aime à errer, à s'égarer sur des arbres d'espèce et de caractère
différens , pittoresquement groupés , jetés
sans intention présumée , associés sans art
apparent ; image de cette négligence aimable dont la Nature , dans ses heureuses
combinaisons, nous présente de si sédui-
sans modèles. C'est par l'effet de ces combinaisons que les massifs et les groupes
qui se montrent font rechercher ceux
qu'ils cachent, et invitent à les visiter par
l'espoir d'un plaisir nouveau : espoir qui
n'est jamais déçu lorsque le goût a présidé
à la composition de l'ensemble et que les
graces en ont dirigé les détails. Qu'à toutes
ces dispositions , l'artiste réunisse des gazons frais et soignés, des pentes molles et
légèrement inclinées , des sentiers placés
avec art et dirigés avec goût, et prati-
cables dans tous les momens (4). C'est par
ces moyens , inspirés par le sentiment ,
qu'il parviendra à créer un bocage propre

à présenter les brillans effets du printems,
et à procurer les jouissances vives et douces
qu'on attend du retour des beaux jours.

L'aspect d'un semblable bocage offrira
la scène la plus séduisante, la plus voluptueuse, dans toutes les saisons, et sera
une des promenades les plus fréquentées
et l'asyle le plus attrayant. Le printems,
on ira y chercher la chaleur desirée du
soleil; l'été, l'on s'y mettra à l'abri de la
vivacité de ses rayons; les vents de l'automne y trouveront des obstacles; leurs
efforts seront brisés par l'épaisseur des
massifs répandus de tous les côtés. L'air
cependant qui y circulera librement, procurera de la fraîcheur et écartera l'humidité.
L'action du soleil, dont les influences se
feront sentir d'un côté, tandis que de
l'autre l'ombre tempèrera ses rayons, en-
tretiendra partout la salubrité. La réunion
de tous ces avantages fera rechercher ce
bocage, non seulement dans toutes les
saisons, mais encore dans tous les momens
de la journée. Un reposoir simple, un

banc commode, un asyle qui contribuera à fortifier le caractère de la scène aperçue entre les arbres, placé dans un lieu solitaire et ombragé, invitera le promeneur à s'y délasser et il y rêvera délicieusement.

Que si pour animer le tableau et répandre encore plus de fraîcheur sur la scène, une heureuse circonstance avait amené un ruisseau serpentant sur la pelouse ; tantôt ombragé, lent et silencieux ; tantôt découvert, vif et murmurant ; si par sa position ce bocage pouvait se procurer un lointain bien ménagé qui échappât et reparût à propos pour ne pas troubler le ton paisible et même un peu mystérieux de ce genre de composition , on aurait rassemblé tout ce qui constitue et complette le véritable jardin du printems , tout ce que cette aimable saison a de plus frais et de plus voluptueux , et cet ensemble ne laisserait rien à desirer.

§. II. *De l'Été.*

LE soleil, en avançant dans sa carrière, amène avec lui l'été et ses chaleurs. La végétation est alors dans sa plus grande vigueur, et la verdure a atteint son plus haut degré de perfection. C'est l'été que la Nature semble avoir choisi pour étaler à nos yeux tout son luxe et toute sa magnificence. En effet, l'éclat éblouissant du soleil, un ciel coloré et nuancé de teintes chaudes et pourprées, de longs jours, toutes les productions de la terre parvenues à leur plus grande beauté ; tous ces effets qui appartiennent à l'été présentent le spectacle le plus brillant et le plus pompeux. Mais tant d'éclat nous accablerait sans doute, si cette bienfaisante Nature, attentive à notre bien-être, ne nous préparait des abris contre les excès d'une saison brûlante. A mesure que les chaleurs augmentent, les arbres, la plus belle production de la végétation, acquièrent tout

leur développement ; l'ombre qu'ils pro-
jettent, quoique moins étendue , est plus
sombre et plus épaisse ; ils reçoivent sur
leur tête les rayons presque verticaux du
soleil , l'abondance des feuilles les inter-
cepte , les absorbe et s'oppose à leur trans-
mission jusqu'à nous. Ce sont surtout la
réunion et l'assemblage de ces mêmes arbres, d'où se forment les forêts et les bois,
qui nous ménagent, sous leur ombre toujours fraîche , des asyles impénétrables aux
ardeurs importunes de cette saison.

L'été réunit encore des avantages dont
les autres saisons sont privées. Dans le
printems et dans l'automne, des vingt-
quatre heures qui composent la journée,
à peine pouvons-nous jouir des trois ou
quatre qui précèdent et suivent le midi ;
l'été, chaque partie du jour a son caractère propre et ses beautés particulières ; la
fraîcheur du matin, si salutaire, si bienfaisante, réunie à la splendeur de l'astre de
la lumière au moment de son lever; l'éclat
du midi qui semble tirer une sorte de ma-

jesté du repos et du silence qui règne dans
toute la Nature, silence respecté des oiseaux mêmes qui suspendent alors leurs
jeux et leurs ramages ; enfin, la température et le calme du soir, à l'instant du
coucher du soleil, sont trois époques non
moins distinctes par leur période que différentes par leurs effets. Aux longs jours
d'été succèdent de belles nuits. Une belle
nuit d'été réunit une partie des agrémens
d'un beau jour de cette saison ; elle a la
fraîcheur du matin, le silence du midi et
le calme du soir.

L'artiste qui a remarqué ces nuances si
simples et le moment auquel elles appartiennent, saura avec des talens en tirer le
parti le plus avantageux ; il cherchera à les
faire valoir dans la composition de ses scènes
et la disposition de ses plantations. Il sait
que l'air pur et légèrement agité à l'instant
du crépuscule répand dans l'ame une douce
sérénité ; que le chant encore languissant
des oiseaux, dont les concerts célèbrent
l'aube matinale, donne l'espoir d'une belle

journée; il prévoit que s'il obstruait le côté du levant par des plantations, l'ombre des objets verticaux qui alors se projette au loin, altérerait la gaîté du matin et priverait de la jouissance des beaux effets du lever de l'aurore, lorsqu'elle annonce les premiers rayons du soleil qui vont dorer la cîme des montagnes et bientôt après se réfléchir en tous sens par la rosée dont ils doivent s'abreuver; il n'oubliera pas que l'excès du midi exige au contraire des plantations épaisses et rapprochées, et que, présentant à nos yeux leur face privée de la lumière, elles tempèrent son éclat trop vif; que l'ombre que ces plantations jettent sur la terre venant par sa direction au-devant de nous, semble s'avancer pour offrir un abri plus prompt, et hâter, dans ces momens d'accablement, les jouissances les plus desirables et les plus recherchées (5).

Toujours attentif aux accidens du moment, l'artiste se sera encore aperçu que les ombres des objets verticaux s'alongent au déclin du jour, et brunissent de grandes surfaces; mais que cet accident, loin de déplaire dans ce moment du jour, procure à la scène un effet qui ajoute au calme d'une belle soirée; que là des masses d'arbres, adroitement placées et combinées d'après l'aspect, garantiront des rayons directs et toujours fatigans du soleil couchant, et favoriseront les promenades du soir, les plus habituelles de toutes.

Cependant, il se ménagera quelques lieux d'où, sur la fin de sa carrière, cet astre lui présentera la scène quelquefois magnifique de son coucher, lorsque ses rayons, comprimés par un épais et sombre nuage, s'échappent en tous sens sous les couleurs les plus vives et les plus éblouissantes. Alors, faisant effort pour se dégager, ces rayons divisés en mille faisceaux se précipitent d'un côté sur l'horizon qui brille de tout leur éclat, et de l'autre s'élancent à travers les cieux en traits étincelans. Dans ces superbes instans l'atmosphère est tout en feu; la terre brûle, embrâsée par les

teintes chaudes et vigoureuses qui la colorent ; la Nature entière semble incendiée :
spectacle vraiment sublime et digne de
l'astre radieux qui le produit ; et telle est
la magie de ce pompeux accident que les
lieux sur lesquels son éclat réjaillit ne paraissent plus les mêmes ; ce sont d'autres
paysages, d'autres tableaux ; les objets sont
transformés, tout paraît changé : illusion
qui se soutient jusqu'à ce que, se modi-
fiant dans tous les tons, la lumière s'affai-
blisse insensiblement, que celui qui la pro-
page s'échappe avec elle, et que l'un et
l'autre aille se perdre dans les ombres de
la nuit.

Enfin, le jardinier qui veut ne négliger
aucuns des effets intéressans dont cette
saison peut faire jouir, se ménagera pour
le tems de l'absence du soleil une vallée
découverte d'un ton doux et d'un caractère tranquille. Là, dans le miroir des eaux
d'un lac ou sur la surface d'une paisible
rivière, viendront se répéter le bleu foncé
d'un ciel pur et le brillant des étoiles, et

quelquefois se peindre l'image vacillante de la lune et des pâles nuages qui l'accompagnent. Il obtiendra encore de la faible lumière de l'astre de la nuit des effets non moins agréables lorsque ses rayons, se glissant et s'échappant à travers le feuillage, pénètrent de mille manières dans un bocage parsemé de légers massifs ; leur douce clarté, contrastant avec le ton sombre de la verdure, dessine les groupes et trace leur contour sur la pelouse unie qui leur sert de tapis.

O silence délicieux d'une nuit calme et tranquille, image du repos et de la paix ! Qui, dans des lieux semblables, n'a pas quelquefois éprouvé le sentiment voluptueux d'une douce et attendrissante rêverie ! et qui n'aime à s'en retracer encore le souvenir aimable !

§. I I I. *De l'Automne.*

LES commencemens de l'automne touchent de si près à l'été, qu'ils partagent presque toutes ses beautés et participent à une grande partie de ses agrémens. Si les jours sont moins longs , leur chaleur est plus supportable , les promenades sont plus fréquentes et se prolongent au loin. La sève alors prend une nouvelle activité ; elle revivifie la Nature languissante et comme étouffée sous les rayons brûlans du soleil d'été ; elle répand une fraîcheur dont avait besoin tout ce qui végète ; les arbres desséchés recouvrent leur première beauté , et les gazons désaltérés par une rosée plus abondante reprennent toute leur verdure.

Cette saison nous offre aussi ses fleurs ; quoique moins délicates et plus tardives , elles n'ont pas moins d'éclat. Elles sont d'autant plus recherchées alors , que la Nature en est moins prodigue qu'au printems ; moins odorantes , moins variées dans leurs nuances , mais plus fortement colorées , elles se présentent sous un air de noblesse très-remarquable ; elles sont douées d'une vigueur qui leur procure une existence plus longue et plus durable que celle

accordée aux fleurs trop passagères du printems : avantage qu'elles doivent en partie à
la température des jours, ainsi qu'à la longueur et à la fraîcheur des nuits de la saison
qui les voit naître (6).

C'est aussi dans cette saison que les
bayes, les grappes se colorent de teintes
que le vert des feuilles auquel elles sont
associées rend encore plus éclatantes. Les
fruits alors commencent à mûrir ; leur
forme et leurs couleurs embellissent les
arbres qui les portent ; ils réjouissent par
le souvenir de leur saveur, et par l'espérance de les voir bientôt orner nos tables.
Les vergers si frais, si beaux au printems
nous plaisent encore dans cette riche
saison par l'abondance qu'ils nous promet-
tent (7).

Et lorsqu'enfin cette saison avoisine l'hiver, la Nature, inépuisable dans ses ressources, autant que variée dans ses effets,
nous présente un spectacle tout nouveau.
Les feuilles qui parent les arbres se sèchent
peu à peu, il est vrai ; mais avant d'aban-

donner les branches sur lesquelles elles ont pris naissance, elles se nuancent de diverses couleurs. Chaque espèce prend une teinte particulière et passe successivement par des tons différens ; quelques-unes changent en brun sombre ou en jaune foncé le vert doux et clair qui les colorait au printems ; d'autres font succéder au vert le plus gai l'incarnat le plus vif. Le mélange de ces teintes rehaussées par le vert inaltérable de ces arbres qui ne perdent jamais leurs feuilles, étale aux yeux une riche perspective. Il n'est pas jusqu'au jeu des troncs, à leur écorce, à la ramification des branches qui, mieux aperçus alors ne donnent de l'élégance à ces accidens. Mais pour faire produire à ces effets de la grace et en obtenir tout l'agrément dont ils sont susceptibles, ils exigent du choix dans l'espèce des arbres et du goût dans leur mélange. L'artiste qui se sera livré à cette partie de l'art trouvera sa récompense dans la beauté des tableaux de ce genre qu'il aura créés (8).

C'est par ces variations successives de formes et de couleurs, c'est par des accidens et des modifications qui se succèdent sans jamais se ressembler, que la Nature toujours inépuisable, nous prépare des jouissances et les perpétue dans toutes les saisons.

Si j'ignorais que l'homme se laisse guider bien moins par la raison et son propre sentiment que par l'usage établi, par l'exemple de ses semblables et surtout par l'habitude, je demanderais, quels que soient les agrémens de l'automne, pourquoi le citadin qui vit sous notre climat choisit cette saison pour aller jouir des agrémens de la campagne; sur quoi il fonde la préférence qu'il lui donne; elle n'a certainement ni autant de charme que le printems, ni autant de beauté que l'été (9). A peine l'automne a-t-elle fait quelques pas vers l'hiver, qu'elle nous en annonce l'approche par les brouillards du matin, la froidure du soir et la longueur de ses nuits. Une belle journée, sur la fin de

l'automne, ne laisse pas espérer que la journée qui la suit doive lui ressembler ; et si
elle nous est accordée, on la regarde comme
un bienfait ; on la reçoit avec une sorte
de reconnaissance. Chaque jour qui fuit
enlève à la campagne quelques-uns de ses
agrémens ; les arbres se dépouillent, les
feuilles se dessèchent et abandonnent leurs
branches ; et quoique, au moment où ces
changemens s'opèrent , la Nature nous
présente encore quelques accidens agréables, il faut convenir que ce sont là ses
derniers efforts. Le peu de fleurs qui sub-
sistent alors , fanées et inodores , séchées
par le froid ou flétries par l'humidité, pen-
chent sur leur tige. Les bois dépouillés ne
seront bientôt plus des retraites recherchées ; on fuit déjà le peu d'ombre qui
leur reste. Les eaux perdent leurs charmes ;
leur fraîcheur si agréable en été va cesser
de nous plaire. Les premiers froids, les
vents fréquens et importuns, les brouillards humides , enfin la Nature nue, inactive, tout nous annonce le terme fatal de

nos jouissances. En un mot l'automne, bien différente du printems, qui se montre sous les traits brillans de l'aimable jeunesse, très-éloignée de la vigueur et des beautés imposantes de l'été, l'automne ne nous présente plus sur sa fin que les rides et les disgraces du vieil âge.

§. IV. *De l'Hiver.*

Au seul nom de l'hiver, mon imagination se glace, et la plume tombe de mes mains. L'inflexible Nature a arrêté dans ses immuables décrets que tout ce qui a pris naissance doit croître, décliner et mourir; et tel est l'ordre invariable qu'elle s'est prescrit, que chaque saison doit en amener une autre à sa suite. Mais peut-être n'a-t-elle établi la succession des saisons que dans la vue de les faire valoir les unes par les autres ; et si l'hiver précède le printems, c'est sans doute pour faire ressortir avec plus d'avantage tous ses attraits, pour nous faire sentir plus vivement et goûter encore mieux les agrémens de cette aimable saison. Laissons donc chanter aux poëtes les charmes d'un printems perpétuel ; celui qui le desire fait sans doute un souhait indiscret.

Quoi qu'il en soit, l'hiver n'en paraît pas moins déplaisant à mes yeux. La Nature engourdie et sans action a perdu tout ce qu'elle avait d'intéressant. Que d'autres contemplent les beautés austères de cette dure saison, qu'ils en admirent les effets ; elle sera pour moi toujours sans intérêt et sans attrait. Ses plus belles perspectives, s'il en existe alors, nous laissent sans abri contre sa rigueur ; et nous ne saurions en jouir sans être exposés à une sensation douloureuse qui nous les fait bientôt abandonner. D'ailleurs les accidens occasionnés par les frimats, par les glaces, tout ce que cette saison produit de remarquable, ne dépend nullement de notre industrie ; elle ne peut rien ajouter aux tableaux que l'hiver nous présente ! Ces tableaux ne doivent leurs effets les plus vantés qu'à l'extrême intempérie de la saison. Il serait difficile, impraticable même de composer des scènes exprès pour de semblables effets. Le froid de nos hivers n'est ni assez violent ni assez soutenu pour produire les accidens tant célébrés, dont le Nord seul fournit des exemples. Placés sous un ciel moins rigoureux, renonçons aux scènes de ce genre, et attachons-nous aux jouissances que cette saison nous permet.

Quelquefois un beau soleil nous engage à sortir, et malgré la rigueur de la saison, il nous donne des heures supportables; dans nos climats septentrionaux, ces journées ne sont pas rares; mais souvent des pluies abondantes, des vents violens, un froid obscur leur succèdent tout à coup et nous forcent à chercher un abri sous nos toîts. C'est surtout lorsque la neige couvre la surface de la terre qu'il faut fuir les champs; ils sont sans ressource pour nos plaisirs; son éblouissante blancheur est aussi fatigante par son éclat que triste par son uniformité. Le ton sans nuance qui règne partout; le jour égal et sans ombre qui éclaire les objets et en affaiblit les couleurs tandis que la neige altère leur forme ; toutes les distances anéanties, tous les rapports confondus , semblent avoir jeté un voile sur la nature entière.

Vous cependant qui passez à la campagne cette saison fâcheuse , voulez-vous vous procurer quelques jouissances qui dépendent de l'art des jardins ? Choisissez aux environs de votre habitation un terrain à l'aspect du midi, auquel vous puissiez communiquer sans intermédiaire. Couvrez-le d'un gazon ; s'il est soigné, il vous donnera une verdure agréable , malgré les rigueurs de l'hiver, pratiquez-y des sentiers solides qui résistent aux pluies et à la gelée ; plantez sur cette surface, ainsi préparée , un bocage dont les massifs soient espacés de manière à ce que les rayons du soleil les pénètrent aisément ; pour composer ces massifs, préférez les arbres qui, toujours verts, ne quittent jamais leurs feuilles ; ornez-les de ces arbrisseaux, de ces arbustes qui végètent et même fleurissent au milieu des frimats ; de ces plantes dont les plus faibles rayons du soleil mettent la sève en mouvement. Par des arbres choisis encore dans la classe de ceux qui conservent toujours leur verdure, garantissez le bocage des vents du nord. Que dans cet état l'astre du jour vienne éclairer cette scène, elle vous retracera l'image du printems, la teinte verte dont elle est colorée vous procurera une jouissance d'autant plus précieuse, que dans cette saison la nature, languissante ailleurs, semble s'être ranimée en votre faveur.

C'est par ces seuls moyens que vous obtiendrez un jardin d'hiver dans nos climats. Au milieu des rigueurs de la saison, il se passera peu de jours qui ne vous donnent quelques heures où le tableau de votre bocage n'attire vos regards, et pendant lesquelles vous ne puissiez vous livrer à l'utile exercice de la promenade.

Celui qui met un prix à posséder un jardin d'hiver plus complet, et dont la jouissance soit journalière ; celui à qui peut plaire une culture qui brave les rigueurs de cette saison, l'obtiendra avec du discernement et quelque dépense. Qu'il choisisse dans ce même bocage un local à l'exposition du midi, où rien ne fasse obstacle aux faibles influences du soleil d'hiver; là, s'assujettissant aux formes de la clairière préférée, qu'il plante des poteaux liés à des traverses pour supporter un toît et recevoir des chassis; que cette construction soit tellement arrangée que les massifs entre lesquels elle est placée la déguisent; qu'ils se confondent, pour ainsi dire, avec elle; sous ce toît transparent, l'amateur à l'abri se complaira dans la vue de son bocage; il jouira de la verte perspective qu'il lui présente sans être fatigué par les rigueurs et l'intempérie de la saison. Cette serre, au moyen de la chaleur artificielle que l'art peut y introduire, lui procurera les faveurs du printems et sa douce température; il y trouvera les plantes les plus rares, il y cultivera les exotiques les plus recherchées, les indigènes les plus délicates et les plus dignes de ses soins ; un mince filet d'eau qui y coulera et ne gélera jamais, animera cette scène qui, quoique factice, n'est point alors sans intérêt. Enfin cette enceinte de verre, parsemée de plantes en pleine végétation, environnée au-dehors d'une constante verdure , peut aussi renfermer des oiseaux qui, trompés par sa température , donneront d'agréables concerts et même des pontes prématurées.

Au retour du beau tems, les poteaux et les chassis enlevés, et la cause du prestige disparue , il restera des arbres et des plantes que leur beauté et leur rareté font toujours admirer, et qui, alors, végétant en pleine terre, sembleront avoir vaincu les obstacles que le climat oppose à leur délicatesse. Dans cet état , ce bocage fait pour l'hiver ne sera pas dédaigné dans les autres saisons, si les plantes qui étaient encloses font un tout sans discordance avec les plantations extérieures ; par cette précaution il sera encore visité avec intérêt même, lorsque l'homme cesse d'être casanier.

CHAPITRE VI.

DU TERRAIN.

§. I. *De ses effets généraux.*

Les peintures que nous avons présentées dans le chapitre précédent n'ont montré pour la plupart que des accidens passagers ; quoique les effets en soient très-sensibles, quoique quelques-uns aient une grande énergie, le tems, qui dans son vol rapide amène et détruit tout, ne les a pas plutôt dessinés, qu'il en efface les traits pour en substituer d'autres non moins fugitifs. Les effets qu'ont offerts les saisons, les nuances qui les ont caractérisées, sont plus ou moins subordonnés à une infinité d'exceptions, et les préceptes qui en sont résultés sont soumis à une multitude de convenances locales qui, à raison des obstacles et du plus ou du moins de facilité à les mettre en pratique, les font admettre ou les font rejeter.

Il n'en est pas ainsi des formes et des effets produits par les accidens du terrain; stables et permanens, la succession des saisons ne change rien à leur ordonnance; que si le tems parvient à leur faire souffrir quelque altération, ce n'est qu'insensiblement; son empreinte sur les masses principales ne saurait se faire apercevoir qu'après une longue suite de siècles.

C'est du jeu combiné des formes du terrain, c'est de l'inégalité des élévations et de la déclivité plus ou moins forte des pentes; c'est du rapport et des proportions que les accidens ont entre eux, qu'un site reçoit plus particulièrement son caractère et tire son expression. Ces combinaisons pouvant être, et étant effectivement innombrables, les effets qu'elles produisent sont variés à l'infini. Ce n'est pas que ces effets ne reçoivent aussi des modifications du concours des autres matériaux avec lesquels le terrain s'associe; mais ce qui

résulte de ces accessoires est bien faible ,
comparé aux modifications que le terrain
reçoit de ses formes et de ses mouvemens.
Ce sera toujours et principalement de la
coupe et de la charpente, si je puis m'ex-
primer ainsi, que les sites et les tableaux
de la Nature tireront leur principal caractère.

Quelle richesse , quelle magnificence ,
quelle variété d'aspects s'offrent aux regards dans ces sites tourmentés et montueux, divisés en vallées et en vallons de
toutes sortes de proportions, projetés dans
toutes sortes de directions ! Là, à l'aide des
effets de la perspective réunis aux illusions
optiques, tout change de forme : à chaque
pas que fait le spectateur , les objets se
montrent sous des rapports différens , et
offrent de nouveaux aspects ; les perspectives fuient et s'effacent, d'autres prennent
leur place ; sans cesse les cadres varient ,
les scènes se succèdent , sans jamais présenter les mêmes tableaux ; tous ces changemens s'opèrent par des transitions tantôt

préparées et prévues, tantôt brusques et inopinées. Que le spectateur monte ou descende, aussitôt l'horizon, mobile comme lui, paraît par une marche contraire s'abaisser ou se hausser, s'éloigner ou se rapprocher. Des points les plus élevés, la voûte vague et azurée des cieux couronne un horizon immense, qui n'a de limite que ce même ciel avec lequel il se confond. Ces vastes découvertes, lorsqu'elles sont subites et inattendues, nous frappent d'étonnement et d'admiration. Dans les lieux enfoncés, l'horizon, au contraire, se rétrécit, les sites se resserrent, tous les objets se rapprochent. Les monts environnans paraissent plus élevés ; leurs masses ne se colorent plus de ces teintes vaporeuses qui ailleurs les lient avec le fond bleuâtre et transparent du ciel. Ici, les sommets se détachent par des traits prononcés ; les matières opaques dont ils sont formés font paraître le ton léger du firmament encore plus diaphane : opposition qui en fait mieux apercevoir l'incalculable profondeur.

Ailleurs, l'œil parcourt une grande plaine que terminent au loin des chaînes de montagnes faiblement mais diversement colorées, à raison de l'angle sous lequel le soleil les éclaire, de l'épaisseur de la couche d'air, et des vapeurs interposées.

Plus circonscrite et plus familière, une riche vallée, que les yeux se plaisent à parcourir, se présente d'un autre côté; d'agréables côteaux en pentes douces et inégales la dessinent et l'enferment; le mélange heureux de leurs saillies et de leurs contours en combine les formes et les effets de mille manières; des vallons secondaires l'entre-coupent en tous sens et varient sa marche : jeu qui excite la curiosité par des changemens continuels et soutient l'attention par des surprises répétées.

Transportez-vous ailleurs, et vous ne verrez qu'avec étonnement la majesté imposante des montagnes que des pics dominent encore; éloignées, elles ne se font apercevoir que par des traits à peine sensibles,

qui se confondent avec l'horizon ; mais
considérées de près , leurs cimes se perdent dans les nues, et la masse énorme
que présente leur base semble fouler et
comprimer les entrailles de la terre. Au
sein de cette confusion de monts les uns
sur les autres entassés , l'œil contemple
avec saisissement des vallons profonds ,
resserrés entre des côtes escarpées , qui
dans leurs brusques et fréquens détours ,
n'offrent de tous les côtés que d'effrayans
précipices ; par l'effet de leur prodigieuse
élévation , par la diversité de leurs aspects,
ces sites tourmentés font voir à la fois, et
non sans surprise, tous les climats réunis,
toutes les saisons rassemblées. Des neiges
éternelles, de vastes amas de glace couvrent les points les plus élevés et y entre-
tiennent un froid rigoureux et constant ;
plus bas règne le printems, sa fraîcheur et
ses charmes , tandis que les fonds sont
brûlés ; les feux du soleil, ses rayons cent
fois réfléchis par les plans presque verticaux du terrain les pénètrent d'une cha-

leur excessive que tempère rarement le
zéphyr. D'un côté, le sol est fertile et couvert de toutes les richesses de la végétation ; de l'autre, il ne présente que des
sables infructueux , d'arides rochers qui
se couvrent à peine de quelques bruyères
ou de quelques buissons sauvages et ram-
pans.

C'est au centre de ces pays monta-
gneux qu'on rencontre ces accidens singuliers, ces lacs, ces antres, ces cavernes ;
c'est là que des torrens furieux roulent
avec fracas leurs ondes impétueuses ou
s'échappent en cascades mugissantes ; c'est
là que des fleuves entiers se précipitent et
forment ces cataractes qu'on ne voit
point sans admiration et sans effroi ; c'est
là encore que d'énormes rochers suspendus semblent détachés de la masse générale ; assis à peine sur les bases frêles et
étroites qui les supportent , entourés
d'abîmes que l'œil le plus ferme n'ose
sonder, la hardiesse de leur saillie, leur
hauteur inaccessible inspirent la terreur

et imposent au spectateur étonné ; c'est là enfin, que la Nature audacieuse et bouleversée semble méconnaître les lois immuables qui la régissent ; fière de cette apparente indépendance , elle semble dans ses écarts dédaigner sa marche ordinaire , ne se complaire que dans ses caprices , ou laissant son œuvre imparfaite , vouloir ne produire que d'informes ébauches pour nous montrer dans son sublime désordre le spectacle rare mais frappant d'une belle horreur.

D'où proviennent tant d'effets si sensibles et si opposés ; d'où naissent ces multitudes de tableaux si dissemblables et si caractérisés ? des seuls mouvemens du terrain ; sans eux tous les aspects seraient uniformes , froids et insipides , les scènes de la nature seraient monotones et sans accent. La plupart de ces effets, j'en conviens, reçoivent bien quelques modifications des teintes variées dont les terres se colorent , du vert des pelouses , du vert plus frais des gazons, du velouté des

mousses que relève le ton brun et sec des
bruyères. Elles peuvent s'embellir par les
arbres qui s'y associent , s'orner de ces
guirlandes que forment les arbustes ram-
pans et sarmenteux ; la surface de la terre
peut être aussi modifiée par le concours
des eaux , par les accidens qui naissent des
saisons , de la lumière et des ombres. Ce
ne sont là pourtant que des accessoires, qui
tout au plus ornent et colorent les tableaux ;
mais ce sont essentiellement les divers
mouvemens du terrain qui caractérisent
vraiment ces sites , et auxquels on doit les
vives et fortes impressions qu'ils nous font
éprouver.

Ce qu'il est difficile de concevoir, et ce
qu'on ne peut s'empêcher d'admirer dans
le jeu , dans le développement du terrain ,
ce sont les inépuisables variétés qui naissent
de leurs combinaisons. Ces variétés sont
telles, que, malgré la diversité des sites de
tout genre qu'elles nous présentent , la
diversité encore plus grande des combinaisons possibles fait que , parmi leur nom-

bre prodigieux, ce serait un miracle s'il s'en rencontrait deux parfaitement semblables.

Il est impossible de peindre tous les effets auxquels les inégalités du terrain donnent lieu, il est même difficile d'en déterminer tous les avantages, de détailler tous les services qu'on en retire; je me bornerai donc aux observations suivantes: Sans ces inégalités, les eaux n'auraient ni chûte ni écoulement; répandues également, elles ne feraient de notre demeure qu'une vaste mer, ou elles couvriraient de lacs et de marais infectés, toute la surface du globe; sans ces inégalités, les eaux ne se rassembleraient pas dans les bassins destinés à les fournir au gré de nos besoins et de nos plaisirs; nous n'aurions ni ruisseaux ni rivières, leur bruit et leur mouvement n'animeraient pas les scènes de la nature; enfin l'eau, ce puissant agent de la végétation, loin d'être utile ne serait que nuisible; et dans cet état la terre n'existerait ni pour l'agrément de ses habitans, ni pour leur utilité.

§. II. *Observations sur les formes du terrain.*

L'INFINIE variété de formes et d'inflexions qui naissent du mouvement et des accidens du terrain abusera tout homme superficiel qui se livrera à l'art des jardins, s'il ne les étudie attentivement. Quiconque n'a pas suivi ces formes dans toutes leurs modifications, n'en a pas attentivement examiné les causes, et ne s'est pas rendu familiers les effets qui en résultent, se persuadera, par une erreur trop ordinaire, que ces formes sont arbitraires, parce qu'à ses yeux elles paraissent n'avoir point de règles; et qu'à tout hasard, il les aura imitées s'il évite les lignes parallèles, les pentes uniformes et les contours réguliers. En abandonnant au caprice ou à l'ignorance ce qui est une suite nécessaire de causes constantes et connues, on ne produira que des effets bizarres, des invraisemblances, des contre-sens; car enfin ces formes, regardées comme irrégulières par opposition à celles adoptées par la géométrie , ne sont pas sans règles , puisqu'elles sont le résultat des lois de la nature. Si ces formes étaient arbitraires , il serait bien plus commode au compositeur de se laisser guider par son imagination , de s'abandonner à tout ce qu'elle suggère ; mais celui qui a le sentiment des beautés de la Nature sait trop bien que, sans une étude constamment suivie des modèles qu'elle nous présente , il n'est pour lui ni succès à attendre ni gloire à espérer. Il n'en est que trop, je le sais , de ceux qui dédaignent cette étude, et se livrent à ce qu'on appelle le genre de caprice ; à la faveur d'un moment de mode , ils obtiendront peut-être quelques applaudissemens , mais passagers et peu flatteurs ; le peu de cas qu'on fera bientôt de leurs médiocres productions ne tardera pas à les désabuser et à leur faire sentir leur méprise. L'artiste que la vraie gloire aiguillonne, qui aspire à une célébrité durable, sans cesse aux pieds de la Nature , contemple ses tableaux, il la consulte, l'exa-

nine avec curiosité, et n'est content de
lui-même que lorsqu'il a saisi la pureté de
ses contours, qu'il a rendu ses élégantes
formes avec la plus scrupuleuse exactitude
et imité ses effets dans toute leur vérité.

Que de finesses en effet, que de beautés
dans le spectacle de la Nature, aperçues
par l'œil exercé, échappent au vulgaire !
l'artiste les saisit, l'homme de goût les
sent, les apprécie ; elles sont presque nulles
pour les autres. J'ose prédire à quiconque
se livre à l'art des jardins que, sans cette
opiniâtreté à épier, à suivre la Nature qui
peut seule initier l'artiste dans ses secrets,
lui dévoiler ses charmes, il n'atteindra jamais à la perfection. De tous les arts qui
ont pour but d'imiter, n'est-ce pas celui
du jardinier qui doit le moins s'en écarter ?

Il serait bien difficile de faire connaître
tous les moyens que la Nature met en
œuvre pour donner de la grace à ses tableaux, de la suivre dans toutes ses marches, de développer tous ses procédés ;
je me bornerai donc à quelques observa-

tions générales sur les principales causes qui modèlent les formes du terrain ; quoique élémentaires , ces observations suffiront pour éveiller l'attention et guider le crayon du jardinier dans cette partie qui , quoiqu'une des plus délicates , est celle de l'art la plus négligée et peut-être la moins approfondie.

En remontant aux causes qui modifient les formes du terrain , on rendra les effets plus sensibles.

Les eaux réduites en vapeurs par l'action du soleil, et transformées en nuages soumis à l'impulsion des vents qui les promènent sur nos têtes, se condensent et retombent en pluie. Sous cette forme , les eaux se distribuent sur toute la surface du globe. Dans leur chûte elles entraînent les corps les moins adhérens qui couvrent la superficie des plans inclinés et les matières les plus susceptibles de s'amollir et de se détacher. Dans leur déplacement, ces matières, assujetties aux lois de la chûte des corps, façonnent les plans inclinés par les dépôts

plus ou moins abondans qu'elles forment ;
en raison de l'impression des forces actives
sur les passives, elles font prendre à ces
plans les diverses inflexions sous lesquelles
ils se font voir. Telle est en général la cause
physique et sans cesse agissante qui modèle les pentes, et donne aux montagnes,
aux côtes et à tout terrain en plan incliné,
la forme, le caractère plus ou moins doux,
plus ou moins âpre, l'expression plus ou
moins accentuée.

Ce sont les pluies qui, par leur chûte,
arrondissent les pointes aiguës des monts ;
en émoussant leurs angles, elles leur procurent ces formes flexibles et inégales qui
les terminent. Ce sont les pluies qui, par
les matières qu'elles charrient, lient, l'une à
l'autre, les pentes d'une même côte dont la
déclivité est différente, et qui par le même
moyen réunissent, dans une courbure plus
ou moins flexible, le bas des plans inclinés
avec la plaine de niveau sur laquelle ils
reposent.

Enfin ce sont les pluies encore qui, ayant

par leur action dépouillé les grandes masses
de rochers des terres qui les recouvraient,
ont mis en évidence ces plans verticaux
élevés et suspendus, contre lesquels tous
les efforts de cet agent sont ensuite deve-
nus impuissans (1).

Les eaux étant un des principaux agens
dont le mouvement du terrain reçoit (2)
presque toutes ses modifications, c'est de
leur marche, c'est de l'effet qu'elles produisent par leur action sur les pentes, que
le jardinier doit prendre des leçons, s'il veut
que les formes et les mouvemens qu'il se
propose de donner à son terrain acquièrent
un caractère de vérité ; s'il veut que le goût
les admette et que l'œil soit satisfait. Ce n'est
pas que quelquefois certains mouvemens
dans le terrain ne semblent contredire les
principes que je viens d'établir, quoique,
au fond, ils n'en soient que la suite nécessaire ; ce que ces mouvemens offrent d'extraordinaire ne nous frappe que parce que
nous ne connaissons pas toutes les causes
dont nous voyons les effets ; que nous igno-

rons toutes les ressources, tous les moyens de la nature. Tout ce que nous regardons comme des phénomènes en est la preuve. Cependant, que celui qui s'occupe de l'art des jardins ne s'attache pas à imiter de préférence les formes et les effets qui paraissent trop sensiblement étrangers à la marche ordinaire de la nature ; que toujours il préfère le vraisemblable au vrai ; qu'il ne se laisse pas séduire par les formes bisarres et peu communes, rarement convenables et souvent déplacées ; leur singularité, en dévoilant une intention déterminée, laissera soupçonner l'artifice, et fera perdre à ses tableaux le charme de la vérité sans lequel son œuvre ne saurait plaire. Bref, un terrain façonné par les mains de l'art n'agréera, ne satisfera qu'autant que sa marche présentera celle de la nature, et que, jusqu'au moindre mouvement, tout s'y montrera sous une apparence de vérité non équivoque. Ce précepte est tellement de rigueur, que la moindre négligence dans cette partie de l'art, en détruisant l'illusion, fait évanouir tout le charme.

Observateur de la Nature et de ses effets simplement comme artiste, je laisse au physicien à décider si les grands mouvemens et les fortes inégalités de notre globe sont nés des causes que je leur assigne; mais la plus superficielle attention suffit pour apercevoir que ces causes contribuent à modeler les formes sous lesquelles la surface du terrain se montre; que c'est principalement de ces causes que proviennent la mollesse, la flexibilité, la liaison qu'on remarque entre elles; que ce sont ces mêmes causes qui altèrent insensiblement et perpétuellement les pentes. C'est par elles qu'ici les pentes augmentent en rapidité et diminuent ailleurs; c'est par elles que les vallons se comblent ou se creusent, que les plaines s'abaissent ou se haussent; c'est à elles enfin que la surface du terrain doit particuliérement les inflexions variées que nous présentent les côteaux et les vallées (3).

Si les formes, si les inflexions que la superficie du terrain nous présente sont un effet de lois constantes et reconnues ; si elles sont le résultat d'agens mis en œuvre par la Nature, n'ai-je pas le droit d'en conclure que le choix n'en est pas libre, que, soumises à des règles, ces formes ne doivent pas l'être à la fantaisie ni à l'arbitraire ; et que, quelle que soit leur diversité, celles qui ne paraissent pas être l'effet de ces causes sont à rejeter (4) ?

§. III. *De la relation du terrain aux genres de jardins.*

C'EST moins le raisonnement encore que le sentiment qui apprend à connaître la relation la plus convenable entre la disposition du terrain et le genre de jardin ; cette relation est bien essentielle. La juste application du genre de jardin au site, en facilitant les moyens, épargne beaucoup de dépenses aux propriétaires et de sollicitudes au compositeur ; sans elle il y a peu de jouissance agréable à espérer pour le premier, et peu de succès à attendre pour le second. Cette inobservation est une

première faute qui en entraîne bien d'autres. Nous l'avons déjà dit, ce n'est qu'en
examinant d'avance et sous toutes ses faces
le terrain sur lequel on se propose de
projeter un jardin, ce n'est qu'en se rendant compte de l'impression que ses différens aspects et ses mouvemens produisent,
qu'on fera un choix judicieux et une heureuse application. Ne serait-ce pas en effet
se méprendre et renoncer évidemment à
tout succès que de projeter le jardin du
pays sur un terrain sans variété, froid et
monotone, dénué d'accidens et de tableaux ;
que d'asseoir le *jardin* proprement dit sur
un site austère et contrasté, dont l'aspect
sauvage ne saurait se prêter au ton doux,
frais et riant qui caractérise ce genre ? Ne
serait-ce pas une bévue manifeste de préférer pour l'établissement de la *ferme* un
sol stérile, improductif, tandis que la culture doit être son principal objet, que ses
scènes n'intéressent que par la richesse et
l'abondance des productions ? Ne serait-il
pas tout aussi inconséquent de placer le

parc dans un pays coupé, divisé, dont le site resserré et sans développement ne permettrait ni noblesse dans la composition, ni grandeur dans l'ensemble?

Mais des quatre genres le *pays* est celui qui exige absolument un site tout fait. Si la Nature, par sa propre disposition, n'a pas fourni elle-même les principaux tableaux, si elle ne les a pas ordonnés, il ne faut pas se flatter d'y suppléer; est-il en notre pouvoir de créer une si grande machine? L'art a-t-il les moyens de produire ces perspectives, ces accidens qui constituent le pays? On ne refond pas la Nature, on la fait encore moins; il est même au-dessus de nos forces de faire prendre à un site général un caractère opposé à celui qu'il a. Est-il riant et ouvert? On aura beau bouleverser le terrain, le charger de plantations, y amener des rochers, on ne parviendra pas à le rendre mélancolique et mystérieux. A-t-il une expression forte et vigoureuse, par quel moyen l'adoucira-t-on? Tout au plus par-

viendra-t-on, à force de dépenses, à l'affaiblir dans quelque point ; mais on ne lui
fera jamais perdre son caractère primor-
dial. Que le compositeur se garde donc de
vouloir créer le *pays*, qu'il ne tente pas
même de changer le caractère d'un site
particulier, et qu'il ne se dise pas : « Ici
» je creuserai un vallon, là j'élèverai une
» montagne » (5). Celui qui se propose de
telles entreprises, ignore les bornes de l'art
et n'en a pas calculé les moyens. Se flatterait-il de faire illusion par quelques brouet-
tées de terre, amoncelées en forme de tau-
pinière, qu'il appellera des MONTAGNES ;
par quelques rocailles de maigre proportion
auxquelles il donnera le nom imposant de
ROCHER ; par une rigole tortillée de quelques pieds de largeur qu'il gratifiera du
titre fastueux de RIVIÈRE, ou par une mare
d'eau qu'il voudra faire prendre pour un
LAC ? Avec ces minutieuses fabriques, si
mesquines, si peu proportionnées à leur
modèle, il se persuadera sans doute qu'il a
créé un site , qu'il a fait le *pays*. Qu'il se

désabuse. De semblables entreprises ne présenteront jamais, aux yeux de l'homme de goût, qu'une puérilité dégoûtante, et à l'homme sensé qu'une misérable et risible production : et tous s'apercevront que le compositeur, peu capable d'élever ses conceptions à la hauteur de la Nature, l'a, dans son impuissance, rabaissée au niveau de ses petits moyens.

S'il est bien démontré que tous les efforts humains sont insuffisans pour fabriquer un site de quelque importance sur l'échelle de la Nature, et même de changer le caractère d'un grand ensemble, l'artiste qui s'est fait des principes raisonnés, sentira facilement qu'il doit s'assujettir à la marche du terrain sur lequel il aura à travailler. Il ne fera rien qui contrarie le caractère général du site qui lui est confié ; il y appliquera le genre de jardin qui lui convient. Si le site se prête au jardin que j'ai appelé le *pays*, que, guidé par le goût et par le vrai, l'artiste cherche, non pas à les changer, mais à en rendre les effets plus sensibles et plus accentués.

Si ce site est trop pauvre, qu'il l'enrichisse par des accidens analogues ingénieusement placés ; qu'il établisse des liaisons, s'il est trop incohérent ; mais qu'aucune de ces adjonctions ne paraisse étrangère, décousue ni indépendante ; que toutes, en un mot, se lient si intimement au caractère du site, qu'on ne puisse les soupçonner d'être le fruit de l'art. Assortissant ainsi au site les objets qu'il lui associe, l'artiste leur donnera nécessairement leur juste proportion, il ne fera rien qui paraisse incohérent et déplacé ; et loin de troubler l'ensemble de la scène, il en aura lié toutes les parties. C'est ainsi qu'il fera un tout sans discordance, et que son ouvrage paraîtra n'être qu'un effet heureux combiné par la Nature elle-même. Le véritable artiste jardinier a pour maxime, et ne s'en départira jamais, que toute composition, tout effet, toute scène, tout jardin, en un mot, qui montrera l'œuvre de l'homme au lieu de celle de la Nature, ne saurait plaire, et plus particuliérement encore quand il s'agira d'un jardin du *pays*.

L'art a plus de moyens pour modifier le terrain propre au *parc*. Les accidens qu'admet le jardin de ce genre ne sont ni si accentués ni si multipliés que ceux qui entrent dans la composition du *pays*. L'artiste peut donc, jusqu'à un certain point, les assujettir à ses vues ; il peut donner plus de surface aux eaux, plus de masse aux plantations, plus d'étendue aux pelouses ; et si le site en est judicieusement choisi, les réformes à faire dans les mouvemens du terrain ne seront point au-dessus des moyens de l'art, il restera moins à faire pour obtenir une heureuse composition. Les parties du terrain qui demandent le plus d'attention, qui exigent le plus de soins, sont les entours du manoir ; sous les yeux du maître, ils doivent être doux, agréables et d'une jouissance facile (7). Mais que, sous ce prétexte, on n'aille pas découper le terrain en talus exacts, en contours minutieux ; il ne faut jamais perdre de vue que, malgré tout l'art, qu'en dépit de toutes les dépenses, les formes de caprice, les pentes régulières et léchées, trop opposées à la marche naturelle du terrain, ne sauraient plaire long-tems. La Nature seule a le privilége d'écarter l'ennui, de prévenir la satiété, de plaire toujours et à tous.

La composition du *jardin* proprement dit peut être entièrement soumise aux efforts de l'art. Peu de mouvemens dans le terrain, une étendue bornée, nulle liaison avec les objets hors de son enceinte ; tout cela demande plus de goût dans la composition que cela ne suppose de difficultés et d'effort dans l'exécution. C'est donc dans le *jardin* proprement dit que l'artiste peut se dire créateur, puisque tous les mouvemens de terrain dépendent de son goût et que la composition appartient à son imagination. Les licences auxquelles ce genre se prête, la douceur de ses effets, le jeu peu tourmenté de ses pentes, la gentillesse de ses scènes, ses tableaux en petit nombre, qui ne veulent que de la grace dans le trait et de la fraîcheur dans le coloris, tout cela ne suppose que des combinaisons fines et des nuances délicates qui tiennent plus au goût qu'aux moyens. Ce genre frais et doux exige seulement un entretien exact, une propreté recherchée, parce que c'est de ses détails qu'il tire ses charmes. C'est là que par des pentes bien ménagées, mais toujours naturelles, par un marcher commode le propriétaire, dans ses lentes et tranquilles promenades doit tout voir à son aise, tout parcourir sans fatigue. Ce jardin enfin doit être élégant sans affectation, recherché sans luxe, et présenter de toute part des effets rians et gracieux.

La *ferme* se prête à toute espèce de situation et à tout mouvement de terrain que ne repousse pas la culture ; elle ne demande pas des remuemens de terre pour sa formation ni pour son agrément ; elle les réserve pour le succès de ses travaux. La plus ornée ne veut que peu de recherches apparentes ; à cet égard ce genre de jardin ne saurait être contrarié par la nature du site, parce qu'il doit en prendre

le caractère et se soumettre à la disposition naturelle du terrain. Mais son indifférence pour tous les sites, bien loin d'en
supposer dans le choix, exige au contraire
du tact pour le faire avec succès; parce que,
indépendamment du but d'utilité dont la
ferme fait son principal objet, elle emprunte
presque toujours son caractère et ses agrémens de sa situation. Quoique la plaine
ne soit pas un motif d'exclusion pour l'établissement de la *ferme*, cependant si l'on
avait préféré un terrain absolument de niveau pour l'y fixer, elle manquerait de
variété, et cette variété n'est pas un de ses
moindres charmes; elle serait privée des cultures et des productions réservées aux côteaux, et de celles qui sont particulières aux
vallées; et sans vallée elle n'aurait dans son
voisinage ni ruisseau ni prairies naturelles,
deux choses qui, outre le besoin qu'elle
en a, lui siéent si bien. Les eaux, desirables
dans toutes sortes de jardins, deviennent
indispensables à celui pour qui l'aridité est
un obstacle au but de son institution, et

qui doit réunir aux agrémens champêtres cette abondance des fruits de la terre que promet une culture fertilisée par ce puissant agent de la végétation.

CHAPITRE VII.

DES EAUX.

---

§. I. *De leurs effets généraux.*

LES eaux sont aux paysages ce que l'ame est au corps ; elles animent une scène , donnent de l'éclat à une perspective , et répandent la fraîcheur et la vie dans tous les lieux où elles se montrent ; par leur éclat elles attirent nos regards , par leurs charmes elles fixent notre attention , enfin elles sont partout l'objet le plus intéressant et le premier remarqué. Que les eaux soient stagnantes , qu'elles coulent avec

lenteur ou marchent avec rapidité, qu'elles
s'échappent avec effort ou tombent avec
fracas, les impressions qu'elles nous font
éprouver ne sont ni équivoques ni incertaines. Le poli de leur surface double les
objets en les réfléchissant. Le miroir d'une
eau tranquille trace des tableaux que le
spectateur peut varier à son gré; en un
mot, le bruit et le mouvement des eaux,
la fraîcheur qu'elles répandent, leur couleur propre, celle qu'elles empruntent de
ce qui les environne, cette propriété de
renvoyer la lumière dans presque tout son
éclat, leur donnent de grands attraits et
une prodigieuse diversité de caractères.
Tous ces effets, se nuançant, se modi-
fiant sous mille formes, fournissent des
ressources infinies pour enrichir les tableaux de la Nature et en varier l'expression. Mais c'est particulièrement par leur
bruit et leur mouvement qu'elles agissent puissamment sur notre ame, parce
qu'elles seules ont l'avantage de produire
ces deux effets à la fois et souvent sans

discontinuité. Le mouvement de l'air, lors même que son agitation est le plus sensible, ne fait pas la même impression ; ce fluide n'agissant pas positivement sur le sens qui est le juge du mouvement, son action ne dit rien à l'ame. L'air agité est plus agréable par la fraîcheur qu'il nous procure que par son mouvement et son bruit. Son agitation est-elle violente? loin d'avoir pour nous quelque attrait, elle n'est qu'incommode et fatigante, et nous force à chercher un abri contre son excès.

C'est donc à leur action continue et à leur bruit non interrompu qu'il faut rapporter une grande partie de la puissance que les eaux exercent sur nos sens. Tantôt molles et flexibles, elles cèdent sans murmurer au plus faible obstacle, elles se détournent au moindre empêchement ; tantôt vives et pétulantes, elles renversent avec fracas et violence les digues les plus fortes, elles entraînent tout ce qui s'oppose à leur marche rapide ; quelquefois elles semblent proportionner leur volume à la capacité des bassins qui les renferment et n'en pouvoir excéder les bords, tandis que, dans d'autres circonstances, par leur abondance elles s'en échappent et se répandent au loin. Libres alors, elles inondent de vastes surfaces, et dans leur course vagabonde se creusent une multitude de lits. Comment avec tant d'action, avec des mouvemens si sensibles et si évidens les eaux ne donneraient-elles pas aux scènes un air animé, puisque, même dans leur état de stagnation, elles produisent encore cet effet par leur extrême mobilité? à la plus légère impulsion de l'air ne voit-on pas leur surface frémir et s'agiter?

Ces effets frappans produisent des impressions non-seulement très-vives, mais encore très-différentes. Secondées du site qui les environne, les eaux excitent même les sentimens les plus opposés ; agréables, ou importunes, agitées ou tranquilles, silencieuses ou bruyantes, éclatantes ou sombres, elles nous font éprouver dans ces différens états depuis le calme le plus parfait jusqu'à la plus vive émotion, depuis la plus douce mélancolie jusqu'à l'effroi. Ce sont elles qui nous imposent silence et nous jettent dans la rêverie, lorsque, sous la forme d'un ruisseau vif plutôt que rapide , elles murmurent doucement et serpentent entre les herbes et les fleurs ; ce sont elles qui nous éveillent, quand, par un mouvement plus animé, leur murmure se change en gazouillement moins égal et plus marqué. Bouillonnent-elles parmi les obstacles qui les contrarient et les tourmentent ? deviennent-elles plus agitées , plus vives ? alors elles nous égayent, elles nous inspirent une sorte d'activité. Roulent-elles enfin en torrent, tombent-elles en cascades ? ou elles nous réjouissent par leur pétulance et leur éclat , ou elles jettent l'alarme dans tous nos sens par leurs fracas et leur impétuosité.

Ce n'est pas tout encore : la surface tranquille d'un lac augmente le calme d'une scène paisible et rend plus mélancolique une perspective qui l'est déjà ; un large fleuve, si son cours est rapide sans être furieux, si ses bords, ni âpres ni déserts, lui forment un bassin d'une grande proportion, offre toujours à l'œil un objet majestueux et imposant : cette rivière qui traverse lentement une vallée riche et meublée, dont les eaux claires et limpides laissent apercevoir la grêve sur laquelle elles coulent, présente un aspect riant et voluptueux ; ses bords ombragés nous invitent à les suivre, et nous procurent de fraîches et attrayantes promenades ; nous osons même approcher de ses rives en pente insensible, et nous nous confions avec sécurité à son onde paisible. Le torrent qui s'échappe à travers des rives profondes et dégradées, dont les ondes sont tumultueuses, nous agite au contraire par la précipitation de sa marche et nous inspire la crainte par l'image des dangers qu'il peut faire courir. Enfin le ruisseau léger qui murmure en fuyant et vivifie la prairie qu'il arrose, nous égayo par sa fraîcheur, son rhythme et ses accens.

Outre les effets résultans de leur masse, de leur bruit et de leur mouvement, les eaux acquièrent encore de leur couleur et de leur situation, d'autres caractères non moins variés non moins expressifs ; elles rendent un site plus sombre et plus mystérieux, lorsque, sans bruit et sans effort, elles coulent entre des arbres touffus qui les noircissent de leur ombre ; leur transparence et leur limpidité donnent de l'éclat et de la légéreté à un paysage ; un ravin déjà excavé devient tous les jours plus désastreux par le dégat qu'occasionne leur activité ; un abîme ténébreux semble plus horrible par les eaux sombres qu'il renferme dans ses cavités profondes ; les sourds mugissemens que leur chûte fait entendre et que les échos redoublent et portent au loin, nous font éprouver une sorte de frémissement ; un lac dont les rives sont nues et dépouillées, dont les eaux sont épaisses et fangeuses, rend triste et affligeante une perspective qui, sans lui, n'eût été que sauvage ; enfin une rivière indolente dans sa marche, dont les eaux ternes et impures laissent à peine apercevoir ses rives à travers les vapeurs grossières et fétides qui s'échappent de sou sein, ne présente qu'un aspect dégoûtant qui repousse.

Que l'on mesure l'intervalle immense qu'il y a entre le sentiment pénible qu'une semblable perspective nous fait éprouver, et celui qu'inspire un ruisseau dont les eaux crystallines coulent avec vivacité sur un sable brillant et argenté, entre des bords verts et fleuris, et qui, libre dans son cours, semble ne se détourner sans cesse que pour porter partout l'abondance, et répandre dans toutes les parties du vallon qu'il arrose une fraîcheur voluptueuse ; et l'on comprendra ce que peuvent sur l'ame les matériaux adroitement combinés qu'emploie la Nature pour la formation de ses tableaux et la décoration de ses scènes, et combien est puissant l'empire qu'ils exercent sur nos sentimens, puisque celui-ci seul nous fait éprouver des affections si diverses et nous remue si vivement.

Quoique dans un jardin on puisse se passer des eaux, quoiqu'elles n'y soient pas absolument nécessaires, il faut avouer pourtant qu'on les y regrette toujours ; que celui à qui elles manquent est privé d'un des plus agréables objets, d'un des plus beaux ornemens dont la Nature nous a fait présent. Il n'est point dě scènes si petites où les eaux soient déplacées, ni de si aimables auxquelles elles ne prêtent des charmes ; il n'en est point de si grandes où les eaux ne figurent avec avantage, point de si frappantes dont l'expression ne puisse en emprunter et en recevoir plus de force et d'accent ; il n'en est pas même de si brillantes dont la présence des eaux ne doive encore augmenter l'éclat. Indépendamment de tous ces avantages, les eaux plaisent par elles-mêmes ; on aime à les voir, on recherche les lieux où elles se trouvent ; elles répandent leur fraîcheur sur tout ce qui les environne ; mais elles n'ont de la grace que lorsque libres elles se rencontrent là où la pente du terrain a dû naturellement les conduire (1) ; car, après la limpidité, la liberté fait leur premier agrément (2).

§. II. *Du caractère particulier des eaux.*

LES eaux se montrent sous trois états différens ; renfermées, elles sont stagnantes ; libres, elles fluent, ou se précipitent. C'est sous ces trois états qu'il importe à l'artiste jardinier de les considérer. Dans le premier, les eaux forment les mers, les lacs, les étangs, enfin, tout ce qu'on comprend par pièce d'eau. Dans le second, elles produisent les fleuves, les rivières, les ruisseaux, les torrens et les fontaines. Dans le troisième, elles prennent le nom de chûte, de cascade, de cataracte. Voyons ce que dans ces trois états elles offrent d'observation à l'artiste jardinier.

§. III. *Des eaux stagnantes.*

Quoique les eaux stagnantes n'aient pas de mouvement propre, elles ne sont· pas toujours dans un état d'immobilité ; la moindre action de l'air fait frémir leur surface ; et lorsque les vents sont déchaînés, ils l'agitent et la divisent en de profonds sillons. Un des caractères particuliers aux eaux stagnantes, est de pouvoir se présenter sous toutes sortes de formes et de dimensions ; parce que, d'une part, les bassins qui les renferment ne laissant échapper des eaux qui s'y rendent que ce qu'ils ne peuvent en contenir, leur étendue n'est limitée que par la disposition du terrain ; et que de l'autre, admettant des renfoncemens dans lesquels les eaux s'étendent, et de pointes saillantes qui les chassent et les repoussent, les baies et les caps produits par la disposition du terrain qui les encadre, font prendre à leurs rives des formes variées, donnent du mouvement au trait qui les circonscrit, et par des contours et d'inégales saillies leur procurent de la grace. Cette variété de formes qu'admettent les rives des eaux stagnantes leur sont aussi naturelles, qu'elles seraient peu convenables aux eaux courantes. En effet, les eaux des rivières, des ruisseaux, libres dans leur marche, suivent sans contrainte les traces que la pente du terrain donne au lit dans lequel elles coulent; elles ne cherchent pas à s'étendre en tout sens comme les eaux stagnantes qui, contraintes de tous les côtés, font de perpétuels efforts contre les obstacles qui les retiennent. Ici l'obstacle résiste, là il cède, et la ligne d'enceinte qui termine les eaux stagnantes, en acquiert naturellement du mouvement et de la variété.

Tantôt, en pentes rapides et quelquefois à pic, les bords d'une grande pièce d'eau s'opposent vigoureusement à l'agitation des flots en courroux qui viennent s'y briser et les blanchir de leur écume ; tantôt plats ou légèrement inclinés, ces

bords offrent un aspect plus doux, lorsque
les vagues, moins furieuses quoiqu'aussi
agitées, ne trouvant plus de résistance,
avancent et reculent par un mouvement
alternatif, et décrivent des traits ondulés
et mobiles. Le rivage, raffermi par la grève
que le flux y apporte et que le reflux y
laisse, permet d'approcher jusqu'à la ligne
incertaine qui le trace et invite à la parcourir ; de là les yeux se plaisent à se promener sur une surface mouvante que terminent des bords riches et variés ; et lorsque
le calme lui a rendu son poli et qu'elle
brille de tout l'éclat de la lumière, on se
plaît à contempler le reflet d'un beau ciel
et l'image des objets environnans qui , à
la vérité, ne s'y peignent que tremblans
et renversés ; mais où l'on remarque avec
plaisir l'exactitude des formes et la vérité
des couleurs.

C'est donc des inégalités de ses rives,
c'est donc de leurs saillies , de leurs renfoncemens produits par le mouvement du
terrain qui la renferme, qu'une pièce d'eau

tire son caractère et son expression ; et c'est ce cadre, si susceptible d'accidens, qui l'embellit et fait son principal charme. Mais si les eaux stagnantes tirent leur beauté de leur étendue et de la variété de leurs bords, cette étendue doit avoir ses bornes, et cette variété ne doit pas dégénérer eu désordre ; il faut que l'étendue soit proportionnée au site dans lequel les bassins figurent ; elle ne doit pas être si vaste que ses limites échappent aux regards ; l'œil aime à rencontrer dans une surface si lisse, si égale, des objets qui l'attirent et sur lesquels il puisse quelquefois se reposer. Si la vue ne trouve rien qu'elle puisse saisir, elle erre et se lasse. Une étendue immense sans accidens, nous surprend d'abord, et captive notre admiration, mais ne saurait long-tems nous plaire ; sa monotonie nous ennuie bientôt, et finit par nous fatiguer. A l'égard des bords, quoique la variété soit leur premier charme, il ne faut pas les déchirer par une multitude de petites saillies qui produisent non de la variété, mais de la confusion.

Il n'est pas toujours possible à l'art de proportionner une pièce d'eau au site dans lequel elle se trouve placée; mais, sans en diminuer réellement l'étendue, on parvient, lorsqu'elle est trop vaste, à rapprocher de l'œil la partie de son rivage trop éloignée, en exhaussant les bords, en les rehaussant encore par des objets qui pyramident et attirent le regard, tels que de grands arbres fortement massés, dont le feuillage sombre reçoit de son épaisseur une teinte plus vigoureuse et plus foncée; par des moyens contraires, c'est-à-dire, en abaissant jusqu'au niveau des eaux les rives trop exhaussées et trop sensibles; en détruisant les objets qui les rapprochent, le rivage fuit et se confond avec l'horizon, et la surface moins sensiblement circonscrite paraît plus étendue.

C'est ainsi que, rapprochant des limites trop vagues et rendant indécises celles qui sont trop fermement prononcées, on peut, sans changer les distances, tromper l'œil sur les intervalles ; c'est par le même art, que plaçant à propos des devans vigoureux qui fassent fuir les parties qu'on a intérêt de repousser, ou, qu'en interposant des objets vagues et vaporeux dans les circonstances opposées, on éloigne ou l'on rapproche ce qui, dans les perspectives, doit se grouper ou se détacher. C'est par l'usage bien appliqué de ces ressources qu'on parvient aussi à séparer des points trop voisins qui détruiraient les espaces et laisseraient les objets confusément les uns sur les autres. Ces moyens employés à propos, ne sont pas la partie de l'art la moins difficile ni la moins délicate ; pour s'en servir avec succès, ils exigent une grande connaissance des effets de la perspective aérienne et terrestre, ils supposent de la part de l'artiste une étude approfondie de ce que, dans la peinture, on appelle les *PLANS*.

Les eaux stagnantes peuvent admettre des îles ; mais il faut en craindre l'abus et s'en passer quand elles ne contribuent pas à enrichir la scène ; elles seront le plus souvent nuisibles, si elles ne concourent pas à la perfection du tableau ; placées avec art, elles peuvent donner de l'étendue à la surface des eaux , même lorsqu'elles en cachent une partie; dans le cas contraire, elles la retrécissent et peuvent lui faire perdre la proportion qu'elle doit avoir avec le site. Les îles, dans leseaux stagnantes, diffèrent de celles des rivières par leur forme. Celles-ci doivent leur naissance, leur forme et leurs accidens au cours des eaux ; celles-là au contraire ne sont produites que par la seule disposition du terrain ; leurs formes peuvent conséquemment être variées à l'infini ; le goût et le raisonnement agiront de concert pour assigner à cette dernière espèce d'îles leur place, dessiner leurs contours, fixer leur étendue ainsi que leurs accidens.

Une pièce d'eau stagnante tire quelquefois son origine d'une rivière , lorsque par la disposition du terrain , celle-ci rencontre dans sa route un large bassin dans lequel ses eaux s'épanchent ; alors elles le remplissent, puis s'en échappent pour reprendre leur marche ordinaire. Voilà sans doute un des plus intéressans aspects sous lequel les eaux peuvent se présenter ; il l'est encore davantage, lorsque l'entrée ou la sortie de la rivière, et quelquefois l'une et l'autre présentent des chûtes, parce que les eaux peuvent dans la même scène se montrer d'une manière très-naturelle sous leurs trois états différens. Mais il est rare que les eaux et le terrain se prêtent à la fois à produire un si bel accident, et que toutes les circonstances propres à une si heureuse disposition se réunissent dans le même local ; vouloir les y assujettir dans un site qui ne seconderait pas l'exécution, serait une entreprise téméraire, toujours très-difficile ou tout au moins très-délicate. Il serait à craindre que des efforts trop ostensibles pour combattre et surmonter des dispositions peu favorables, ne fissent évanouir tout le charme qu'on se serait

promis d'une semblable entreprise ; mais je
préviens celui qu'une position favorable déterminera à la tenter, qu'il importe au succès que les constructions, que les chûtes
factices nécessitent, soient déguisées de manière à faire oublier qu'elles sont une œuvre
de l'art ; que si pour l'exécution de ce projet il est forcé de travailler le terrain , il
évitera d'exhausser, par des chaussées et
des retenues ostensibles, le niveau des eaux
au-dessus du sol environnant; dans ce genre
de travail, ainsi que dans celui dont on
vient de parler , tout doit être caché sous
le voile de la Nature. Dans tous les cas ,
et particulièrement dans les deux dont il
s'agit , il suffit de laisser apercevoir la
main de l'homme pour anéantir tout le
charme d'un des plus agréables et des plus
heureux accidens que les eaux puissent
présenter.

§. IV. *Des eaux fluentes.*

LA première impression que font naître les eaux courantes, après celle du mouvement, est celle de leur continuité non interrompue ; l'imagination ne cherche guère à en fixer le commencement et la fin ; ces deux termes sont nuls pour elle ainsi que pour les yeux. Mais ce qui s'aperçoit évidemment, ce qui est d'un effet bien sensible, c'est que, quoiqu'une rivière, un ruisseau, enfin toute eau fluente partage le site qui les reçoit, bien loin de le séparer en deux parties, elles lui servent de liaison, parce que la ligne qui trace leur marche est déterminée par les sinuosités de la vallée qui fournit leur lit. Voilà pourquoi ces longs canaux en lignes droites désunissent le site où ils se montrent et font deux parties de ce qui ne doit jamais faire qu'un tout. Ce défaut d'accord entre la marche du terrain et celle des ruisseaux et des rivières factices détruisant cette idée de continuité qui en constitue le vrai caractère, fait évanouir le prestige, aussi personne ne s'y trompe; on s'aperçoit bien vîte que de telles directions, opposées à la marche commune des eaux fluentes, ne présentent qu'un lit dirigé par l'art, qui ne fait jamais l'illusion qu'on s'en était promise. L'eau y coulerait effectivement, que l'on en douterait encore.

Le ruisseau et la rivière ne diffèrent entre eux que par la dimension de leur largeur et de leur profondeur, avec cette distinction néanmoins, que le ruisseau coule avec plus de vélocité, que ses détours sont plus fréquens, que son cours est plus sinueux; le fleuve au contraire coule majestueusement, il ne s'infléchit que par de grandes courbes, et son cours, à moins qu'il ne soit empêché par un puissant obstacle, ne s'éloigne pas sensiblement de la ligne droite à laquelle tend tout projectile; (3) cependant, en ses vastes détours, il laisse toujours pressentir sa continuité. Dans une large rivière, des détours courts et fréquens ne seraient pas dans l'ordre de la Nature ; en marchant par des angles aigus et répétés, une rivière ressemblerait à une suite de bassins détachés, et l'idée de continuité que doit faire naître l'aspect d'une eau courante serait totalement anéantie.

Cette continuité non interrompue des eaux fluentes, étant un obstacle aux routes et aux chemins dont elles interceptent la communication, a donné lieu à l'invention des ponts ; sorte de fabrique qui, par cette raison, convient aux eaux fluentes et nullement aux eaux stagnantes, dont la surface, terminée de toute part, ne saurait mettre d'obstacle au passage, puisqu'en tournant ses rives rien n'empêche qu'on ne parvienne d'un point quelconque de ses bords au point opposé (4).

Nous avons déjà fait remarquer que les îles des rivières doivent leur naissance et leur forme à l'action des eaux ; il suit de là que la forme de ces îles n'est pas susceptible d'autant de variétés que les îles que renferment les eaux stagnantes.

Pour peu qu'on fasse attention aux causes qui produisent les premières, on devinera aisément la figure qu'elles doivent avoir. Lorsque les eaux courantes rencontrent dans le milieu de leur lit un obstacle que leur effort ne peut vaincre, elles se divisent en deux bras, chacun moins large que le lit commun, pour se réunir au point où l'obstacle cesse ; de la portion de terrain qu'embrassent ces deux courans , naît une ile qui se montre le plus ordinairement sous une forme alongée, renflée sur chaque flanc, et dont les deux extrémités présentent une pointe plus ou moins aiguë. Telle est , à l'égard des îles dans les eaux courantes, la forme presque générale (5), et tel est le modèle d'après lequel l'art doit les dessiner, quand on veut qu'elles paraissent être une suite naturelle des causes qui leur ont donné naissance. Une île est presque toujours un accident heureux ; elle multiplie les rives du courant au milieu duquel elle est placée , et en varie les coutours ; elle seule tient de la Nature le droit de diviser la trop grande étendue d'une rivière sans en suspendre la marche et sans en altérer le cours ; comme aspect, elle plaît par la vigoureuse végétation de ses productions, et se fait remarquer par sa fraîcheur et celle des arbres qui l'ombragent ; c'est une scène détachée, une retraite tranquille, solitaire, un asyle voluptueux qui attire. Il n'est pas jusqu'à la difficulté d'y parvenir qui, piquant la curiosité, ne lui prête des charmes et ne fasse naître le desir de la visiter.

Quant au torrent, outre ce qu'il a de commun avec le ruisseau et la rivière, il se caractérise plus particuliérement par la rapidité de sa marche et l'inégalité de sa pente ; ses bords durs et heurtés se ressentent de la vivacité de son cours et de la masse de ses eaux ; la dégradation et l'âpreté de ses rives annoncent qu'il est sujet à des crues abondantes et subites ; son lit, ordinairement trop large, parce que souvent il a peu d'eau, est rempli de sable et de cailloux ; quelquefois trop résserré, ses

eaux s'engouffrent dans les cavités profondes d'où elles ne s'échappent qu'en bouil-
lonnant. Impétueux quand il s'enfle, le torrent détache et roule de gros rochers, il
déracine et entraîne les arbres les plus volu-
mineux, et porte au loin ses fureurs et ses
désastres. Si dans sa course il rencontre un
obstacle assez puissant pour lui résister, il
s'arrête un moment ; mais bientôt il le franchit en mugissant. Ses ondes irritées s'é-
chappent avec fracas et produisent ces chûtes et ces cascades, dont les effets agréables,
quelquefois par leur éclat et leur bruit, souvent effrayans par leur pétulance et leur ra-
ge, ne sont jamais vus sans émotion.

§. V. *Des eaux tombantes.*

LORSQUE le sol sur lequel les eaux coulent, ou lorsque celui dans lequel elles
sont en état de stagnation, précipite su-
bitement sa pente, alors sans appui les
eaux s'échappent et tombent en cascade ;
si leur chûte vient de haut et que la masse
soit volumineuse, les cascades prennent

le nom de cataracte. L'artiste qui veut se procurer de tels effets est obligé, quand la Nature n'y a pas pourvu, d'avoir recours à des constructions qui demandent une grande solidité. Mais il n'est pas aisé d'opposer aux efforts des eaux qui se précipitent des obstacles capables de résister long-tems à leur action, surtout lorsque cette action est continue, que la masse est forte et que la chûte part de fort haut. Ce n'est pas sans difficulté qu'on parvient à déguiser ces oppositions de l'art qui, quoique construites solidement, doivent cependant ne présenter que les effets bruts de l'action des eaux qui se précipitent et du désordre qu'elles occasionnent. On n'arrive à ce but que par des moyens difficiles à mettre en œuvre quand on veut qu'ils paraissent un accident naturel.

Il reste à faire d'autres observations. Quelle forme donnera-t-on à ces chûtes qui sont susceptibles de tant de modifications ? Les eaux s'échapperont-elles en une seule nappe, ou doit-on les diviser en plusieurs branches? la naissance de la chûte présentera-t-elle une ligne de niveau? y a-t-il des proportions déterminées entre la hauteur, la largeur et le volume des eaux? ces dimensions ont-elles des relations précises avec les scènes où elles jouent un rôle? les chûtes d'eau conviennent-elles à tous les genres de jardin? Il se présente ici une foule de questions intéressantes : toutes sans doute ont leur réponse, mais le choix tient à tant de circonstances, que chaque cas particulier exigerait une discussion; encore ce moyen serait-il insuffisant; on n'aurait pas tout dit. Dans ce cas-ci, comme dans beaucoup d'autres, les règles les plus claires et les principes les plus précis ne sauraient suppléer au goût et à l'imagination. Et pour celui à qui ces deux grands moyens manquent, on n'en dirait jamais assez.

Je me bornerai donc à quelques observations, mais très-essentielles. Dans tous les effets de ce genre, il faut, d'une part, que le terrain et le caractère du site se prêtent à cet accident; et de l'autre, que la chûte soit perpétuelle ; il faut surtout ne jamais laisser apercevoir l'art mis en œuvre ; pour peu qu'il se montre, le charme cesse aussitôt. C'est ici particulièrement que l'art est de voiler l'artifice ; s'il reste à découvert, s'il est seulement soupçonné, en un mot, si l'illusion n'est pas complette, alors plus ces sortes d'effets présentent d'efforts et de dépense, moins ils ont d'effet et de charme.

L'étude des lois et de la marche de la Nature, l'idée du goût, apprennent à déterminer judicieusement la place, la forme, le caractère à donner aux eaux relativement à l'ensemble général et aux scènes particulières, à les découvrir, à les ombrager à propos, à en fixer l'allure, le mouvement, le bruit, selon le rhythme et l'accent convenables, à les enrichir de ces accidens qui les font valoir, à ne laisser apercevoir de leur surface que ce qu'il en faut pour mettre en jeu l'imagination toujours prodigue lorsqu'on sait l'exciter : finesses qui pour la plupart échappent aux règles, mais qui sont bien dignes des méditations de l'artiste (6).

§. VI. *De la relation qu'il y a entre le caractère des eaux et chaque genre de jardin.*

JE m'étendrai peu sur le caractère des eaux applicables à chaque genre de jardin. Je dirai sommairement que le *Pays* admet toutes les espèces d'eau, mais qu'il ne fait cas que de celles qui sont en proportion avec le tableau général et qui, par leur volume, concourent à son expression. Il néglige les petits effets comme peu dignes de lui. Ce n'est donc qu'aux grands effets, que, dans ce genre de jardin, l'artiste s'attachera ; c'est à eux qu'il doit ses soins ; il donnera plus d'accent aux eaux qui en manquent, il les rendra plus ostensibles, ou les voilera en partie, s'il y a défaut ou excès dans leur proportion ; enfin il les traitera de manière à ce que le tableau général en acquière plus de vigueur et plus d'expression.

Le *Parc* aime les eaux en grande surface, et par cette raison les eaux stagnantes lui conviennent. S'il se permet quelquefois de petits effets, il ne les admet que dans des scènes particulières, pour leur donner plus d'intérêt et plus de fraîcheur. Dans ce genre, on évite de faire conoourir les petits objets de détail à l'ornement de l'ensemble ; en effet ils ne sauraient convenir dans un lieu dont le caractère principal est d'annoncer la grandeur et la noblesse.

Le *Jardin* proprement dit, est celui qui se passe le plus volontiers des effets que produisent les eaux ; celles qui lui conviennent le mieux, si l'on veut y en introduire, prendront la forme d'un ruisseau dont les bords soient doux et frais, dont le cours soit modéré ; sous cette forme, les eaux serpentant entre les gazons et les fleurs, peuvent égayer quelques bocages ombragés , sans paraître étrangères au genre. Je les préfererais aux eaux stagnantes ; celles-ci ne se présentant agréablement que lorsqu'elles offrent une surface un peu grande. Le *Jardin* proprement dit, n'étant composé pour l'ordinaire que d'une scène de petite étendue, les eaux stagnantes mises en proportion avec elle pourraient être sans effet, et risqueraient d'être insalubres.

La *Ferme* enfin ne choisit pas; sous quelques formes que les eaux se présentent, elles lui conviennent; s'il en est qu'elle préfère, ce sont les ruisseaux qui fertilisent ses champs et donnent de l'activité à la végétation; mais de quelque espèce qu'elles soient, elles ne doivent s'y montrer que sous les traits simples et peu affectés de la Nature dans toute sa négligence. Quoique indifférente pour toute espèce d'eau qui ne concourt pas directement à ses besoins, la *Ferme* s'éloigne autant qu'elle le peut de celles qui ravagent et dévastent, telles que les torrens et les grandes chûtes; elle ne se plaît véritablement qu'avec les eaux qui contribuent à la fertilité de ses cultures et qui fournissent aux besoins de sa manutention: tels sont les ruisseaux, les sources et les fontaines; car dans ce genre de jardin nul objet, nul effet n'est véritablement agréable, s'il ne présente un but d'utilité.

CHAPITRE VIII.

DE LA VÉGÉTATION.

§. I. *De ses effets généraux.*

Nous avons vu que la marche successive des saisons jettait de la variété dans les tableaux de la Nature, que le jeu et le mouvement du terrain en déterminaient le genre et en constituaient le caractère principal ; que les eaux leur donnaient de l'action et y répandaient de l'intérêt ; mais c'est particulièrement à la végétation que ces effets doivent leur charme et leurs attraits les plus puissans ; ce sont les productions de la végétation qui fournissent à la terre le vêtement qui la pare et l'embellit ; sans la teinte douce et amie de l'œil dont la végétation colore sa surface, la terre nue et dépouillée, ne nous offrirait en effet que des tableaux tristes et sauvages, que des perspectives sans accord et sans grace ; si le soleil n'était tempéré, ni par la verdure qui absorbe une partie de ses rayons, ni par l'ombre des arbres qui met à l'abri de son éclat et de son ardeur ; le soleil, l'ame, la vie de la Nature, ne serait pour nous qu'un astre fatigant et même insupportable.

La végétation nous offre encore bien d'autres avantages ; ses innombrables productions, par la diversité de leurs nuances, par celle de leur forme, par leurs différentes proportions, corrigent la monotonie des terrains de niveau, divisent et bornent les plaines trop étendues, trop égales, trop uniformes. Sans la végétation, les côteaux, les montagnes, et tout ce qui se présente verticalement, n'offrirait que des masses lourdes, des formes sèches, des contours durs et un horizon sans accident ; les vallées ne seraient ni fraîches, ni riantes. Sans la végétation, les matériaux qui concourent à former les scènes de la Nature, les eaux elles-mêmes, malgré tout leur éclat, perdraient ce qui fait leur premier embellissement. Enfin, sans les effets de la végétation, la surface de la terre inactive, stérile, telle qu'elle se montre dans ces lieux arides, dans ces sables improductifs, serait pour tout ce qui respire un séjour sans agrément comme sans utilité.

Une étonnante quantité de plantes de tout genre, herbacées, ligneuses, rampantes, aquatiques, toutes caractérisées par la différence de leur volume et la diversité de leurs figures, par la forme de leur tige, par celle de leurs feuilles et de leurs fruits, par la variété de leurs fleurs, compose la collection magnifique des productions de la terre, et décore l'intéressant et superbe spectacle de la Nature. Mais au milieu de cette foule immense de productions, l'arbre est, dans l'ordre de la végétation, la classe la plus distinguée, et celle qui, sans contredit, tient le premier rang : en s'élevant dans les airs, sa couleur, opposée à celle du firmament, fait valoir le bleu azuré d'un ciel pur qui lui sert de fond ; le ciel, à son tour, détaillant les élégantes formes de l'arbre, en fait mieux apercevoir toutes les graces. Objet imposant par sa masse, agréable dans ses contours, l'arbre est remarquable surtout par ses variétés ; non-seulement chaque espèce a ses formes particulières, mais même dans les individus de chaque espèce il ne s'en rencontre pas deux qui aient une exacte ressemblance. Il suffit d'un coup d'œil jetté rapidement sur les principaux caractères des arbres pour apercevoir sous combien de formes différentes la Nature les a variés : l'un, d'une vaste circonférence, abonde en branches vigoureuses qui, sortant horizontalement de son énorme tronc, s'étendent fièrement et portent à de grandes distances un feuillage épais et touffu ; l'autre, au contraire, svelte et filé, présente une tige en cône droit, et semble négliger son faible et maigre branchage pour s'élancer dans les cieux avec plus de légéreté ; une écorce lisse, claire et brillante enveloppe certaines espèces, tandis qu'une croûte brune, dure, écailleuse, en recouvre d'autres. Les feuilles de ceux-ci, entraînées par leur propre poids, font plier l'extrémité des branches déliées et flexibles qui les nourrissent ; plus roides et plus fermes, les branches de ceux-là s'élèvent presque verticalement et portent fièrement à leur sommité leurs feuilles, leurs fleurs et leurs fruits ; quelques arbres ne poussent leurs rameaux qu'au haut de leur tige ; chez quelques-uns les rameaux partent dès le pied même : ici le tronc et les branches sont mollement courbés ; là ils sont noués et tordus en tout sens. Tantôt les rameaux suivent la direction du tronc, tantôt ils sont obliques, tantôt ils s'inclinent jusqu'à terre (1).

La manière dont les feuilles sont assemblées et disposées sur leurs branches est encore une nouvelle source de variété ; quelquefois également distribuées, elles recouvrent, dans presque toute leur étendue, les rameaux qui leur ont donné

naissance, d'autres foisgroupées en bouquets, elles ne naissent qu'aux extrémités;
indépendamment de la variété que produit
l'ordre différent qu'elles observent dans leur
association, les feuilles, par leur forme,
leurcouleur etleurproportion, contribuent
encore à caractériser les arbres pardesnuances très-sensibles. C'est pour elles que la
Nature semble avoir épuisé toutes les combinaisons dont ce genre de production est
susceptible; à toutes ces différences ajoutez
leur mobilité qui les soumet plus ou moins
à l'action de l'air, et surtout leurs couleurs
qui se modifient, depuis le vert le plus
clair et le plus brillant, jusqu'au vert le
plus foncé et le plus sombre; ajoutez aussi
la couleur, la disposition et la forme des
fleurs et des fruits qu'elles s'associent, et
vous n'aurez encore qu'une idée imparfaite
de la variété des arbres. Du concours de
tous ces accidens, chaque arbre reçoit
donc son expression, et chaque espèce sa
physionomie particulière ; ainsi l'un se
distingue par un ton transparent, l'autre

par un ton sourd ; celui-ci se fait remarquer par sa légéreté, celui-là par sa masse ; les uns sont sombres et touffus, d'autres transparens et gais. N'oubliez pas surtout la différence si remarquable entre les arbres qui, assujettis à la vicissitude des saisons, changent avec elles, et quittent annuellement leurs feuilles, et ceux qui, constamment verts, ne les perdent jamais ; et vous trouverez, dans cette prodigieuse diversité de formes, de caractères et d'expression, une richesse étonnante qui fournira abondamment ce qui convient à chaque site, à chaque scène, à chaque tableau.

Cependant toute cette richesse, toutes ces beautés de détail que présentent les arbres comme individus, sont bien inférieures à celles que produit leur association, d'où se forment les forêts, les bois, les bocages, les massifs, les groupes. C'est sous ce point de vue, qu'il importe d'envisager les arbres, pour concevoir la magnificence et la variété des effets qu'ils produisent, la grace et le charme des tableaux qu'ils présentent, en un mot, la multitude d'expressions qu'on peut obtenir de cette importante partie de la végétation. C'est par leur réunion et leur mélange qu'on égaiera les lieux les plus tristes, qu'on enrichira les aspects les plus pauvres, qu'on adoucira les plus austères, qu'on variera les plus uniformes ; nulle perspective dont un pareil secours ne puisse renforcer l'expression, ou la corriger. On n'a point en main d'autres matériaux pour vivifier un site ; point de plus agréables moyens pour encadrer un tableau, et terminer heureusement un horizon trop rapproché ; en un mot, il n'y a point de ressources plus sûres, plus faciles pour opérer de grands changemens et des effets marqués. L'abondance que ces ressources fournissent au compositeur, ne lui laissera que l'embarras du choix (2).

Essayons, par une ou deux esquisses, de faire sentir les effets divers que produisent les arbres assemblés en masse, et de faire voir combien sont différentes les expressions dont ces effets sont susceptibles. Entrons d'abord dans une vaste forêt d'arbres antiques où, depuis des siècles, le soleil n'a pas pénétré ; à son approche la fraîcheur éternelle qui règne sous ses voûtes à perte de vue, saisit et glace les sens ; sa vétusté attestée par l'énorme volume et la prodigieuse élévation de ses arbres, par la mousse qui les recouvre, par lés plantes parasites qui s'y attachent, nous rappelle des tems reculés, et nous conduit, sans nous en apercevoir, à méditer sur l'instabilité des choses humaines. Un jour sombre et mystérieux, une solitude profonde , un silence d'autant plus morne qu'il est par fois interrompu par les lugubres accens des oiseaux qui fuient la lumière , tout dans cette scène majestueuse et imposante, porte l'ame au recueillement et lui fait éprouver une sorte de terreur religieuse : sentiment dont, à cet aspect, il est difficile de se défendre ; et qui rend très-vraisemblable ce que l'histoire nous apprend de la vénération que nos ayeux avaient pour les forêts et du culte qu'ils leur rendaient.

A ce tableau opposons celui d'un bocage où la Nature a rassemblé avec cet art et cette grace dont elle seule nous a dévoilé le secret, tout ce que la végétation a de plus riant et de plus frais ; où l'ingénieuse disposition des massifs et des groupes distribués sous les formes les plus variées, rend les effets de la lumière plus piquans et l'ombre plus desirable ; où les arbres, entre-mêlés aux arbrisseaux les plus agréables, sont encore embellis par les fleurs, cette production aimable à qui, pour nous plaire, la Nature accorda la finesse et l'élégance dans les contours, la grace et la souplesse dans les formes ; à qui elle prodigua les couleurs les plus vives et les plus éclatantes, les nuances les plus variées et les mieux assorties, qu'elle doua enfin des parfums les plus exquis. Là une herbe tendre et toujours nouvelle couvre le sol d'un gazon fin et uni qui invite à le fouler ; son agréable verdure rend tout à la fois l'aspect plus doux, les arbres plus frais, les fleurs plus brillantes. Là des abris ombragés présentent de tout côté des retraites qu'on parcourt sans fatigue, où l'on repose avec sécurité, dont le calme et le silence, image de la paix et de la tranquillité, n'ont rien de monotone ni de triste, asyles délicieux où le cœur doucement agité n'éprouve que d'agréables émotions, et où chaque objet que parcourent les regards porte la sérénité dans l'ame et la volupté dans tous les sens.

La magie des effets que produit le spectacle de la Nature est telle, que les objets qui entrent dans la composition des tableaux qu'il nous offre, quoique insensibles et inanimés, ont la puissance d'exciter tous les sentimens ; d'ébranler l'ame par le secours des sens ; ils maîtrisent le cœur, l'émeuvent jusqu'à l'attendrissement, l'agitent jusqu'à l'effroi, ou bien agissant sur la faculté intellectuelle, ils s'emparent de la pensée et l'élèvent quelquefois jusqu'aux plus sublimes contemplations.

Dans les deux légères ébauches que
nous venons de crayonner, on voit que,
quoique les scènes qu'elles présentent tirent leur expression des seuls matériaux
de la végétation et plus particulièrement
des arbres, cependant les sentimens que
les scènes différentes font naître sont diamétralement opposés, et qu'entre ces deux
extrêmes il doit exister une immensité de
modifications, de nuances dans les impressions que produit cette partie des matériaux de la végétation.

§. II. *Des effets particuliers.*

La surface diaprée d'une prairie émaillée
de fleurs, les gazons soignés, les vastes pelouses, les arbres et arbustes isolés ou groupés, les massifs, les bocages, les bois, les
forêts ; voilà quels sont les principaux objets
de la végétation qui entrent dans la composition des jardins et ceux qui conséquemment intéressent l'artiste jardinier, par le
charme qu'ils jettent sur les tableaux de la
Nature ; ils sont la partie essentielle de

l'art ; que dis-je ? la plus nécessaire, puisque sans eux il ne saurait y avoir de jardins.

Sans doute que la terre abandonnée à ses productions spontanées , se serait entièrement couverte de plantes ligneuses et herbacées ; les premières se seraient em-parées des côteaux et des montagnes , et les plantes herbacées auraient recherché de préférence les lieux bas dont la fraîcheur leur convient mieux. Cette distribution conforme aux lois de la Nature est aussi la plus agréable ; mais c'est de leur mélange bien assorti que ces deux espèces de pro-ductions tirent leurs plus grands charmes ; par leur association elles s'embellissent, elles s'entr'aident. Nous l'avons fait voir dans la description de différens bocages et dans les peintures que nous avons données du *Parc* et du *Jardin*. Le moyen de former et d'entretenir les gazons n'est pas du res-sort d'une théorie ; je ferai seulement ob-server que les gazons très-agréables par eux-mêmes, vu la fraîcheur qu'ils répandent sur les scènes de la Nature, ne font cependant que le fond des tableaux ; leurs formes et leur étendue sont fixées par les objets qui les terminent, tels que les eaux et surtout les arbres, les arbrisseaux et les arbustes. C'est de ces derniers que je vais spécialement m'occuper dans ce chapitre, sans négliger les rapports qu'ils ont avec les gazons et la pelouse, quand l'occasion se présentera (3).

Un grand rassemblement d'arbres constitue la forêt ; cette masse vaste, uniforme produit un grand effet, mais n'est pas susceptible de détails. Elle tire sa beauté de son étendue, de l'espèce et de l'âge de ses arbres et du mouvement du site dans lequel elle se trouve. Tout cela appartient moins à l'art qu'à la Nature ; ce que, dans une forêt, l'art y peut ajouter est de la rendre accessible et praticable par des routes sans lesquelles il serait difficile et souvent impossible d'y pénétrer ; ces routes veulent être alignées, parce qu'au milieu d'un vaste assemblage d'arbres, presque tous de même espèce, serrés, disposés au hasard, où l'on ne saurait découvrir au loin, qui laissent à peine apercevoir le ciel et où conséquemment on n'a pas de moyen de diriger sa marche, des routes obliques et contournées présenteraient un dédale inextricable dans lequel la crainte de s'égarer ne peut que jeter dans une incertitude inquiétante. On chemine dans une forêt, on peut quelquefois la parcourir, mais on ne s'y promène pas. C'est donc là qu'il faut des routes droites qui, par leur direction, abrégent le chemin et laissent voir l'issue par où l'on peut sortir.

Il n'en est pas ainsi d'un bois ; plus borné, moins sombre, il ne saurait donner lieu aux craintes, aux inquiétudes que fait naître une forêt. Là, des routes sinueuses, des sentiers détournés sont très-convenables, ils jetteront le promeneur tout au plus dans le doute léger qui ne fera qu'exciter sa curiosité. Qu'on ne se persuade pas cependant qu'il suffise de percer un bois dans toute son épaisseur par des sentiers étroits et tortueux, comme on le prati-

que trop ordinairement. Rien n'est plus fastidieux que de circuler sans cesse, resserré
entre deux lignes parallèles qui n'offrent
jamais d'autres objets que les arbres qui
les dessinent dans leurs fréquens détours ;
de tels sentiers semblent ne conduire à
aucun but. Après avoir marché long-tems
dans cet éternel labyrinthe, on doute si
l'on a avancé, et sans l'impatience et la
lassitude que cause une si insipide promenade, on serait tenté de croire qu'on n'a
pas changé de place (4).

Si dans un bois on se plaît à suivre les
détours d'un sentier, c'est lorsque ce sentier
est court, et que, prévenant le moment
de l'ennui, son terme peu éloigné présente
un accident inattendu qui flatte et sur-
prenne le promeneur. Que ce sentier le
conduise, tantôt sous quelques massifs de
beaux arbres élevés et touffus, et le fasse
jouir d'un jour doux sous leur ombre fraîche ; que tantôt, au sortir d'un fourré épais
et ténébreux, il se trouve tout à coup sur
une vaste pelouse, et passe immédiatement

de la plus sombre obscurité à l'éclat du grand jour ; qu'ici il parcoure des taillis entre-coupés par de vagues clairières, qui lui présenteront mille issues, mille routes incertaines ; qu'ailleurs il rencontre des arbres isolés, et qu'engagé par le doux tapis de mousse sur lequel ils sont plantés, il erre à l'aventure ; qu'il hésite un moment, indécis sur le côté où il portera ses pas ; mais que bientôt un asyle agréable et commode, qui invite au repos, le détermine et l'attire. De là il contemplera avec intérêt un innombrable assemblage d'arbres de toute espèce, de tout genre, groupés de mille manières ; il jouira du jeu des troncs et des branches qui s'entre-lacent et se croisent en tout sens ; ses yeux seront attirés par quelques rayons du soleil qui, pénétrant çà et là jusqu'aux écorces, brillent sur les plus lisses et les plus claires, et produisent un mélange piquant de lumière et d'obscurité ; mollement assis à l'abri de leur éclat et de leur chaleur, il admirera le contraste des groupes, la variété des arbres, la majesté d'un chêne vigoureux, l'élégance d'un hêtre, la légéreté d'un bouleau, le tronc nu et élancé d'un sapin, ou la forme souvent bizarre et toujours pittoresque d'un vieux orme mutilé par le tems ; il parcourra à l'aise tout ce qui l'environne ; ici ce sera une plante sarmenteuse qui embrasse l'arbre qui l'avoisine, l'entrelace et le festonne de guirlandes ; d'un autre côté, se présenteront des arbustes ornés de leurs bayes colorées ; ailleurs des fleurs champêtres, même des plantes négligées, mais d'un effet heureux et qu'il croit le fruit du hasard ; tout en un mot, jusqu'aux moindres accidens que l'artiste aura su y jeter et présenter à ses regards comme un jeu heureux de la Nature, attirera son attention, et payera un tribut à son amusement.

Après quelques momens de repos et de délassement, s'il continue sa marche et, qu'entraîné par un sentiment de curiosité, il s'engage de nouveau dans quelque route inconnue, faites qu'elle le dirige dans un

bois négligé et sauvage , désert, environné
de toute part , abandonné au désordre de
la rustique Nature ; là , seul, marchant à
pas lents, distrait, s'oubliant lui-même, il se
laissera aller à ces rêveries délicieuses dans
lesquelles nous plonge le silence de la solitude, lorsqu'au premier détour, une vaste
perspective s'ouvrant soudain devant lui,
présente à ses yeux le vivant tableau d'une
campagne riche et peuplée (5). Ce spectacle aussi intéressant qu'inattendu , sus-
pend ses tranquilles méditations , et le
ramène à des réflexions attendrissantes
sur les véritables richesses que la Nature
n'accorde qu'à la sueur de l'homme , sur
les travaux les plus pénibles , mais les plus
utiles à la société. Une moisson abondante
qu'une foule de bras actifs scient et rassemblent en gerbes ; l'herbe nouvellement
fauchée, entassée en meule ou étendue sur
la prairie qui l'a produite ; l'air parfumé de
l'agréable odeur des foins fraîchement cou-
pés ; la gaieté franche et ingénue des ro-
bustes moissonneurs qu'encourage l'aspect

d'une récolte assurée, et surtout celle des jeunes faneuses que des occupations fatigantes et qu'une chaleur excessive ne peuvent altérer ; le tracas des chevaux et des chars ; le mouvement des animaux des champs répandus de tout côté, qui, participant aux travaux, semblent partager la joie commune. Tous ces objets réunis et dispersés lui composent la scène la plus intéressante et la plus animée, et ce tableau imprévu, mais si touchant, attachera long-tems ses regards et l'occupera délicieusement.

C'est par de tels moyens, ou par d'autres qu'offrent le site et les positions, c'est en mettant à profit tous les accidens que l'artiste a sous sa main, ou bien qu'il peut créer, et non par quelques sentiers tortillés, étroits et monotones, qu'un bois peut, comme site, produire des effets aussi attrayans que variés ; c'est lorsqu'à chaque pas il offrira une nouveauté piquante, qui intéressera, fera naître la curiosité et soutiendra l'attention, qu'il sera recherché et

souvent visité. C'est ainsi qu'une suite
d'objets et d'images liés ou contrastés,
amenés avec adresse, ou préparés avec intelligence, nous ménagera des jouissances
sans cesse renouvelées, dont les impressions toujours vives, quand on a l'art de
les faire valoir les unes par les autres, en-
chantent et même subjuguent les sens, le
cœur et l'esprit.

Ce n'est point assez d'avoir considéré les
bois en eux-mêmes, et comme sites particuliers ; ils offrent encore, comme objets
d'aspect, comme tableaux, des observations bien essentielles. Les bois sont la
limite la plus agréable pour terminer l'horizon. En effet une suite d'arbres d'inégales
proportions dessinent, par l'élégance et
la variété de leur forme, par leur différente hauteur, une ligne dont les contours
légers et diversifiés lient le ciel avec le
paysage de la manière la plus heureuse. Un
bois en amphithéâtre présente, vu de bas
en haut, une riche perspective ; plus la pente est rapide, et plus les arbres paraissent

suspendus , plus aussi l'effet en est magnifique (6).

Une des plus importantes observations
qu'offrent les bois, comme objets d'aspect,
porte sur la ligne extérieure qui les termine. Il est peu de parties dans la composition d'un jardin qui exigent autant de
goût et demandent autant d'attention. Les
arbres qui tracent cette ligne forment le
plus souvent le cadre du tableau et dessinent l'enceinte d'une scène ; si ce n'est
pas toujours dans tout son pourtour, c'est
du moins dans sa plus grande partie. C'est
cette ligne qui fixe l'étendue des pelouses,
des gazons et décide leurs formes. Si le
trait qui sépare le bois des gazons décrit une
ligne peu naturelle , telle enfin qu'elle
laisse à découvert la main qui l'a tracée ,
elle n'aura à coup sûr ni grace ni agrément ;
il faut que dans ses contours elle imite cette
négligence aimable de la Nature , qu'elle
soit variée sans confusion, riche de formes
et pourtant simple , ferme sans roideur ni
sécheresse ; il faut que tantôt la pelouse

s'enfonce dans le bois, aille s'y perdre ; que tantôt le bois fasse lui-même sur la pelouse une saillie bien ressentie. Quel que soit le peu d'étendue d'un gazon, cette manière large et indécise, l'agrandit en rendant ses limites incertaines, et réciproquement le bois en acquiert une apparence d'épaisseur et de profondeur que souvent il n'a pas en effet. Quelques massifs, quelques groupes, même des arbres isolés placés en avant, donneront encore à la ligne extérieure une indécision propre à la rendre un objet de perspective bien préférable à la sécheresse de la précision. Une ligne qui tracerait des ondulations molles et égales serait elle-même d'un médiocre effet ; à une certaine distance surtout, ses mouvemens trop peu sensibles ne présenteraient que l'insipide uniformité du trait régulier dont ils approchent. Ce n'est donc qu'à l'aide des projections plus ou moins fortement prononcées, mais toujours très-sensibles, réunies à la variété des arbres et des arbustes qu'on peut donner de l'agrément et de la grace à la ligne extérieure d'une plantation, ou d'un bois qui termine une pelouse, et qu'on fera acquérir du mouvement au cadre qui la dessine, et du jeu à son effet vertical (7).

Décomposer un bois plein, avec le projet d'en faire un bocage, est une entreprise qui se présente souvent et qui n'est pas sans difficulté ; il faut voir les accidens du terrain à travers le voile dont les arbres les couvrent, les deviner pour ainsi dire. C'est une masse informe à dégrossir, c'est un vrai chaos à débrouiller. Que de précautions pour n'abattre qu'à propos! Que de tâtonnemens pour peu que le bois ait de l'étendue et que les arbres soient serrés! Qu'il est difficile de faire perdre de vue ces larges allées en ligne droite qui communément percent ces bois d'outre en outre! Mais, d'autre part, quelles ressources des bois tout formés n'offrent-ils pas au compositeur! Il jouit de son ouvrage aussitôt que les arbres inutiles sont abattus; il est rare qu'avec quelque talent

il n'obtienne pas de ce travail des effets
heureux. Ce qui les multiplie et les faci-
lite, ce sont les arbres d'espèces variées, de
diverses grosseurs ; c'est quelque mouvement agréable dans la marche du terrain ;
ce sont des dispositions qui permettent de
s'associer avec avantage à quelques tableaux
extérieurs, et les rendent plus piquans par
la manière de les apercevoir, par la surprise
qu'un aspect inattendu procure. Dans ces
circonstances , on aura sans doute bien
des moyens pour obtenir des succès ; mais,
je le répète, ce ne sera qu'après un exa-
men bien réfléchi, qu'après bien des tâtonnemens et des tentatives qu'on y parviendra.

Il est peu de circonstances où l'on doive
ouvrir un bois dans toute sa profondeur,
à moins qu'on n'y soit engagé par de pressans motifs, soit pour éloigner une vue trop
rapprochée, étendre un champ trop resserré, soit pour l'acquisition d'un tableau
précieux et pour embellir une perspective.
Dans ce cas il faut que les deux lignes
qui naîtront de cette ouverture contras-

tent si bien que les parties détachées présentent, non un bois partagé en deux, mais deux bois qui se rapprochent; si la séparation à faire se trouvait dans la partie la plus basse entre deux côteaux, alors le mouvement du terrain faciliterait l'entreprise, parce que rien n'est plus conforme à la marche ordinaire de la Nature qu'un vallon renfermé entre deux côteaux couverts de bois. Mais quand le terrain est de niveau ou d'une seule pente, quand les arbres sont de même espèce, de même âge, il faut de l'art, il faut bien de l'intelligence pour faire que l'ouverture n'ait pas l'air d'une solution de continuité, d'autant moins déguisée que l'objet pour lequel cette tentative aura été faite sera plus remarquable.

Je ne tarirais pas si je m'arrêtais sur tous les effets dignes de l'attention de l'artiste que présentent les objets de la végétation; si je notais toutes les observations dont ils sont susceptibles; si je fesais mention de tous les secours qu'on peut tirer des arbres pour fixer l'étendue d'une pers-

pective , pour prescrire à un site ses justes
bornes , pour lier les constructions et les
fabriques au paysage ; si je voulais présenter
tous les effets qui , dans l'art de composer
des groupes , résultent du mêlange et de
l'association des arbres , arbrisseaux et arbustes : art qui suppose non-seulement un
sentiment fin et délicat , mais encore une
connaissance familière des variétés d'arbres , et la science profonde de leur genre ,
de leur caractère et de leur expression ;
art enfin qui n'a de borne que celle que
lui fixe le goût et le raisonnement. Je ne
finirais jamais , si j'entrais dans la description de toutes les sortes de bocages , des différentes manières de distribuer les masses ,
de les proportionner ; si enfin je détaillais
le caractère de chaque espèce de bois depuis
la fraîche saussaie jusqu'à l'antique forêt ;
champ immense ouvert à l'artiste , qui y
trouvera de quoi satisfaire l'imagination la
plus féconde , et contenter le goût le plus
délicat. Ce n'est que dans la contemplation
des tableaux de la Nature qu'on puisera

les leçons , les exemples , et qu'on apprendra l'art de les mettre en pratique avec fruit
et avec succès.

§. III. *Relation des objets de la végétation
aux genres de jardins.*

QUANT à l'application des objets de la
végétation aux genres de jardins, les observations ne seront pas étendues. Le *Pays* ,
le *Parc ,* la *Ferme* peuvent employer les
prairies , les pelouses ; elles sont un objet
d'agrément dans le *Pays* et le *Parc* , mais
dans la *Ferme* elles sont de plus un objet
utile. Les communes , les pâturages , les
terrains vagues conviennent au *pays* comme
accident , et à la *Ferme* comme partie inté-
grante. Mais ni les uns ni les autres n'entrent dans la constitution du *Parc* et du
Jardin proprement dit , et ne sauraient
y figurer avec avantage , parce que là
l'utile cède à l'agréable. Les gazons frais
et soignés sont réservés au *Parc* ; et surtout
au *Jardin* proprement dit , qui en fait ses

délices. La forêt, par son étendue, ne peut appartenir qu'au *Pays ;* ce n'est pas que les arbres, de quelque manière qu'ils soient rassemblés, ne lui appartiennent aussi, mais sous la forme de bois ils font particulièrement partie du *Parc.* Ce genre-ci partage, avec le *Jardin* proprement dit, les massifs, les groupes et toutes les plantations qui ont l'agrément pour objet. La *Ferme* se contente de quelques bouquets épars ; elle a en propre les haies qui la bocagent, les saussaies et surtout les vergers qui lui procurent d'utiles récoltes et de frais ombrages (8) ; elle seule réunit toutes les parties de la végétation qui intéressent la culture ; que si le *Pays* les admet également, c'est que la *Ferme* fait partie du *Pays,* et que celui-ci renferme en lui-même la collection de tout ce que la végétation peut produire.

CHAPITRE IX.

Des Rochers.

LES rochers ne sont un objet digne de nos regards et ne nous intéressent que lorsque , revêtus d'un grand caractère , ils ont une forte expression. Trop âpres , trop austères pour prétendre aux graces, à l'élégance , ils ne conviennent qu'aux perspectives sauvages dont ils sont un des principaux accidens , et aux lieux déserts qu'ils rendent plus déserts encore. Sont-ils assemblés en masses fortes et élevées ? ils nous imposent par leur volume et leur fierté. Si dans leurs bizarres combinaisons , ils se montrent sous des formes extraordinaires. S'ils présentent des antres , des cavernes , des grottes , leur effet tient alors du merveilleux. Offrent-ils des précipices , sont - ils suspendus et menaçans ? ils inspirent de l'effroi. Ce n'est donc que de leur grande proportion ,

de la bizarrerie de leur forme et de la singularité de leurs accidens qu'ils tirent leur
expression. Comme ils ne se rencontrent
en grandes masses que dans les sites très-
montueux, et que par eux-mêmes ils ont
une grande solidité, ils donnent au paysage
un mouvement étonnant et un accent très-
déterminé qu'augmentent encore la violence des torrens et les chûtes d'eau précipi-
tées qui, le plus souvent, les accompagnent.
Les plantes rampantes, les mousses, quelques buissons sauvages et rares sont leurs
ornemens. Que quelques arbres osent s'associer avec eux, gênés dans leurs développemens, ces arbres s'accrochent où ils
peuvent, ne s'enracinent qu'avec peine,
ne croissent qu'avec effort ; la contrainte
et les obstacles les tourmentent, altèrent
leur forme naturelle, les inclinent, leur
font prendre des positions singulières qui
ajoutent encore à l'effet du tableau.

Les rochers sont un des matériaux de
la Nature dont l'artiste peut s'occuper
lorsqu'il les rencontre sous sa main ; mais

s'il veut les créer, ce sera presque toujours sans succès. Ils sont trop intraitables pour se prêter à ses desirs. Toutes les entreprises de ce genre seront d'un médiocre effet et sans intérêt : et si l'on en excepte quelques cas particuliers mais très-rares, elles n'offriront qu'un effet pauvre et mesquin, sans accent et sans caractère. Comment en effet parvenir à composer une scène de rochers majestueuse qui impose, terrible qui effraye, ou merveilleuse qui étonne ? expressions seules qui lui donnent des droits à notre attention.

Que s'il se trouvait un artiste assez audacieux pour oser fabriquer des rochers, où les placera-t-il ? dans le *Jardin* proprement dit ? Mais ce genre se refuse à tout ce qui est imposant, sauvage et effrayant. Que feraient ces masses de pierre au milieu des gazons et des fleurs, dans une scène fraîche et riante, sur un site dont tous les mouvemens sont doux ? Sera-ce dans la ferme ? La stérilité des rochers serait un obstacle à la culture. S'il est une espèce de ferme qui peut les admettre, comme on le verra par la suite, comment y en transporter la quantité suffisante pour caractériser une ferme rustique? Non, ce n'est pas avec des rochers factices qu'on parvient à changer le caractère d'un site, si la Nature n'y a mis la main. L'artiste veut-il en faire usage dans le *Parc?* Ce genre de jardin, à qui les rochers sont étrangers, ne saurait les admettre sans perdre son caractère. Se proposera-t-il enfin de faire jouer aux rochers factices un rôle dans le *Pays*, genre de jardin où ils doivent figurer dans toute leur magnificence? Se flatterait-il de leur donner l'importance que ce genre exige? Comment entassera-t-il d'énormes et lourdes masses les unes sur les autres? Comment obtiendra-t-il de la puissance de l'art les effets vigoureux, qui seuls peuvent convenir au *Pays?*

Cependant si la Nature lui présente une scène dont les rochers fassent le principal accident, alors qu'il s'attache à fortifier leur caractère propre, à leur faire acquérir plus d'expression, à corriger les parties défectueuses par les moyens qui sont en son pouvoir. Sont-ils trop épars, et trop isolés ? que par des plantations intercallées il remplisse les espaces vuides : les masses les plus remarquables, les plus saillantes, sembleront tenir à d'autres non aperçues, et les parties de rochers qui se montrent entre les arbres en recevront plus d'importance. Sont-ils semblables et trop multipliés ? il les couvrira de plantes, dans la vue d'en voiler une partie ou de rompre leur trop grande uniformité ; et pour que les plantations ne paraissent pas être l'œuvre de l'art, il préférera les arbres, les arbrisseaux qui se plaisent sur un sol maigre et inculte ; ils ne sont point étrangers aux scènes de ce genre ; ils répandront même sur le tableau une teinte plus agreste et plus sauvage. Dans certaines circonstances, l'artiste tentera, par des sentiers pratiqués sur le penchant d'une côte escarpée et couverte de rochers, de rendre accessibles les en-

droits qui semblent les moins abordables,
tels qu'on en rencontre quelquefois dans
les lieux très-montueux et peu fréquentés ;
dans d'autres circonstances, par une précaution ostensible contre le danger, il fera
paraître un passage voisin d'un précipice
plus périlleux en apparence qu'il ne l'est
en effet ; ou bien, afin d'établir une communication nécessaire et lier deux côtes
ápres que sépare un torrent profond, il
suspendra un pont rustique et le jettera
hardiment d'une pointe de rocher à l'autre.
Cette fabrique, ainsi placée, sera d'un effet
toujours pittoresque ; de quelque part
qu'elle soit aperçue, son aspect ajoutera
à l'expression de la scène, il l'animera
sans en altérer le caractère. Quand il en
trouvera l'occasion, qu'il pare, mais sans
affectation ni soins apparens , quelques
petits vallons détournés de tout ce que la
végétation a de plus verdoyant. Au milieu
de la stérilité le contraste sera piquant,
et la rencontre inattendue d'une prairie
fraîche, ombragée de quelques arbres lé-

gers, mais vigoureux, console et dédommage du sentiment pénible qu'a fait éprouver le spectacle d'un désert sec et austère. Enfin n'employant que les moyens qu'il peut mettre en usage avec succès, l'artiste, après avoir consulté les accidens, portera son attention, ses soins, sur ceux qui lui paraîtront les plus propres à obtenir de ses talens et de son goût un caractère plus expressif et des effets plus ressentis.

Si les eaux jouent un rôle parmi les rochers, elles prendront un caractère analogue à la scène ; est-elle majestueuse ? les eaux couleront en grand volume sans vîtesse ni lenteur, et si elles tombent en cascade, loin de se diviser dans leur chûte, elles s'échapperont en une masse unique, plus imposante et plus digne du lieu. La scène n'est-elle que sauvage ? les eaux se diviseront en différentes branches inégales dans leur cours et dans leurs proportions ; elles marcheront par secousses et par bonds ; elles fuiront par détours brusques et irréguliers. Que si la disposition du terrain leur offre quelques bassins, elles ne s'y épancheront que pour y former des marais couverts de plantes aquatiques. Quant aux rochers qui présentent des effets merveilleux ou terribles, les eaux se feront jour à travers leurs interstices, et s'en échapperont avec violence ; elles rouleront en torrens, elles se précipiteront dans des gouffres, et leurs bruyans mugissemens répétés par les échos concourront à l'énergie de la scène (1).

Fortifier, corriger, voilà donc à quoi doivent se réduire les seules opérations qu'on peut se permettre sur les rochers ; encore sera-t-on bien heureux, si, avec tous les moyens de l'art, on parvient à rendre les effets de ce genre plus sensibles et plus accentués, et même à en effacer quelques taches.

Que si cependant, après de mûres réflexions, de faciles ressources, des moyens possibles déterminaient un artiste à jeter des rochers dans quelques scènes de ses jardins pour en fortifier le caractère et lui donner plus d'expression, entreprise toujours coûteuse et d'un succès presque toujours incertain, il n'oubliera pas du moins que le terrain doit avoir du mouvement, que les productions qui le couvrent ne doivent être que du genre de celles qui croissent sur un sol sec et aride, qu'il faut enfin que le site soit tel qu'on doute, en le voyant, si l'absence des rochers n'est pas un oubli de la Nature. Il pourvoira encore à ce que cette scène factice soit amenée par des intermédiaires qui la préparent et l'annoncent naturellement. Une transition subite, des entours d'un genre disparate, ne présenteraient dans ce cas, qu'un contraste fait à la main, et détruiraient l'illusion qui dans ce genre ne saurait être trop complette. Bref, à force d'art il retrouvera la Nature (2).

Au goût qui sait répandre la grace, au sentiment qui sait donner l'expression, l'artiste associera le génie qui imagine les entreprises les plus hardies et l'adresse qui les fait exécuter; mais il se gardera de tenter celles qui sont au-dessus des moyens de l'art ; il laissera à la Nature le soin de produire les grands accidens dont elle orne ses tableaux ; il se contentera de mettre chaque chose à sa place, de donner à chaque objet ses justes dimensions, et il tâchera d'arriver à son but par la voie la plus courte et les moyens les plus simples.

FIN DU TOME PREMIER.

NOTES.

CHAPITRE II.

PAGE 55.

(1) IL m'a paru qu'en appliquant aux différentes classes de la société le genre de jardin qui peut le mieux convenir à chacune d'elles, je caractériserais d'une manière plus sensible ces différens genres. Que, dans la pratique, l'on suive ces distinctions ou qu'on s'en écarte, il n'importe, pourvu que l'on atteigne au but de l'art. Je n'ai pas la prétention d'en fixer les bornes et de donner des entraves à l'imagination ; mais si cette application a servi à déterminer d'une manière plus précise les différens genres, à rendre plus clairs les préceptes de l'art ; si elle a jeté plus de clarté sur l'ouvrage qui les développe ; enfin si cette application a contribué à le rendre méthodique, ces motifs sont suffisans, ce me semble, pour justifier le parti que j'ai pris.

PAGE 62.

(2) Je ne parle pas des connaissances qu'exige l'art de planter, ni des préparations préliminaires qui doivent précéder la plantation, ni de la convenance qu'il doit y avoir entre la nature du terrain, son exposition et les plantes ligneuses. Ces connaissances, d'où dépend le succès de l'entreprise, tiennent à la science

de l'agriculture et n'entrent pas dans le plan de cet ouvrage; mais elles ne doivent pas moins faire partie de celles qui sont indispensables à l'artiste jardinier. Les ignorer ou les négliger, et même s'en rapporter à autrui sur ce point, ce serait s'exposer à des inconvéniens d'autant plus graves, qu'il est presque impossible de réparer les fautes auxquelles ils donnent lieu. Sans ces connaissances, les entreprises de ce genre ne sauraient prospérer. Le tems, qui doit les perfectionner en amènera bientôt la destruction. Une végétation languissante afflige; elle désole celui qui l'a conduite, surtout s'il a négligé ce qui devait en assurer le succès. Il verra tout le charme de la plus heureuse composition s'évanouir, et avec lui l'espoir d'une prompte et longue jouissance.

Artistes jardiniers, étudiez cette partie si essentielle de l'art; ne la dédaignez pas; que les plantations se fassent sous vos yeux et sous votre direction. Quels effets pouvez-vous attendre, si les groupes dont vous avez calculé les masses et déterminé les places ne sont pas composés des arbres que vous avez choisis? Quelle grace pouvez-vous espérer de leur association, si vous n'en avez vous-même dirigé l'assortiment?

CHAPITRE IV.

PAGE 66.

(1) ON s'apercevra bien que les observations relatives aux climats, que je présente dans ce chapitre, ne sont guères applicables à ceux qui sont situés au-delà du 55ᵉ degré et en-deçà du 35ᵉ; mais l'artiste ne doit

pas oublier que sous le même degré deux sites, quoique
peu éloignés, offrent souvent des différences très-sensibles dans les effets du climat; différences qui ont leur
cause dans la disposition et le mouvement du terrain,
relativement à son aspect; dans sa qualité plus froide
ou plus brûlante; dans l'abondance plus ou moins grande
des eaux, la fréquence des pluies, les différens vents qui
règnent plus ou moins long-tems, et apportent avec eux
le froid ou le chaud; dans la durée des neiges sur les
montagnes environnantes, etc. Tous ces accidens et
d'autres encore, qui n'échapperont pas à l'artiste attentif et exercé, varient les effets sous le même climat:
ils doivent donc être observés dans le plus grand
détail. C'est d'après ces observations que l'artiste fera
le choix des arbres, qu'il disposera ses plantations,
qu'il déterminera leur plan, leur masse, qu'il dirigera
les eaux, et en déterminera la place, le volume.

CHAPITRE V.

PAGE 70.

(1) J'AI présenté à la société d'agriculture de Lyon
un tableau dendrologique qu'elle a fait imprimer chez
le citoyen Bruyset, l'aîné, imprimeur de la même
ville, et qu'on trouvera à la fin de cet ouvrage.
Ce tableau, à l'usage de ceux qui desirent connaître
les espèces et les variétés des plantes ligneuses, tant
indigènes qu'exotiques acclimatées, leur donnera en
outre des indications sur la manière de les propager;
sur le sol et l'exposition qui conviennent à chacune
d'elles; sur leur grandeur, la nature de leurs feuilles,

le tems de leur floraison, etc. Ce tableau peut bien être de quelque utilité pour l'artiste jardinier, mais ne lui suffira pas si une longue observation n'a rendu présens à sa mémoire, les traits qui distinguent et caractérisent chacune de ces plantes. C'est de l'expérience qu'il apprendra les effets qui résultent de leur mélange, de leur association, et qu'il se mettra en état de les ordonner relativement aux scènes qu'il a à créer ou à embellir, art dont il trouvera les principes généraux dans cette théorie, chapitre VIII, où il est parlé des effets de la végétation.

P A G E 70.

(2) Il est encore un objet de goût qui dépend de l'attention et qui tient aux connaissances de l'artiste dans la dendrologie, c'est celui de distribuer les arbres, les arbrisseaux et les arbustes de manière que les fleurs s'associent agréablement quand elles se montrent dans la même saison, et se succèdent quand on veut jouir long-tems de cette brillante production. Dans la note 6 du §. III de ce chapitre, j'indiquerai un moyen de procurer aux massifs d'arbrisseaux et d'arbustes le charme qu'y ajoute l'éclat des fleurs quand ces plantes ont perdu le leur.

P A G E 71.

(3) Cette unité est un principe fondamental observé dans tous les ouvrages d'imagination qui ont été créés pour nos plaisirs. En effet, dans ses tableaux, le peintre ne se ménage-t-il pas un groupe dominant,

non-seulement pour donner de la grace à sa composition, mais encore pour rendre claire et plus sensible l'action représentée ? Le romancier ne choisit-il pas un héros auquel se rapportent les principaux événemens dont il compose son histoire ? Le dramatique ne dirige-t-il pas sur un seul personnage tout l'intérêt de son drame ? N'est-ce pas d'une intrigue unique que naissent tous les incidens ? Tous enfin observent une unité à laquelle viennent se lier les détails ; les épisodes même, quand ils s'en permettent, n'ont pour objet que de soulager, de délasser l'attention et non de la détourner. L'artiste qui connait les secrets de son art se gardera bien de s'écarter de ces grands principes.

Que si l'on prétendait que l'art des jardins fût étranger à ces préceptes, parce que jusqu'à présent cet art, sans imagination, sans expression, n'a pas été mis au rang de ceux auxquels ces préceptes sont applicables, pour l'y placer il suffirait de rappeler les vives impressions que nous éprouvons à l'aspect de ces sites agréablement composés, de ces perspectives aimables, de ces tableaux vigoureux, de ces scènes imposantes que la Nature a heureusement arrangés. Ce sont ces scènes, ces effets que l'artiste jardinier imite ; c'est dans ce sublime modèle qu'il puise, quand il dispose ses plans. Les tableaux de la Nature sont d'autant plus beaux, ses scènes sont d'autant plus frappantes, les impressions qu'elles produisent sont d'autant plus vives, que, dans ses compositions, la Nature elle-même a observé ces préceptes plus exactement. Il est même vraisemblable que c'est aux effets heureux qu'elle a combinés qu'on doit ces préceptes ; que c'est là qu'ils ont été recueillis par les maîtres qui nous les ont fait connaitre.

P A G E 75.

(4) Le goût et le raisonnement doivent diriger le crayon de celui qui détermine la place des chemins destinés à la promenade, et qui en trace la ligne, surtout s'il s'agit des promenades d'un jardin du genre de celui du printems, où la moindre négligence est une tache. Par le raisonnement, on détermine leur marche afin de les faire parvenir au but où elles doivent tendre sans déviation forcée, c'est-à-dire, sans leur faire prendre ces détours qui semblent conduire au point opposé où elles doivent mener; avec le goût, on leur donne de la grace dans leur développement, et on les dirige de manière à récréer le regard par les objets et par les accidens qu'elles présentent à celui qui les parcourt. Les allées d'un jardin, renfermées pour l'ordinaire entre deux traits parallèles, paraissent tristes et monotones, surtout lorsqu'elles se montrent trop et trop long-tems à découvert. La couleur des matières dont elles sont communément recouvertes tranche sur la teinte des gazons; elles découpent désagréablement, et presque toujours sans nécessité, ces tapis de verdure étendus sur les grandes clairières; je dis sans nécessité, parce qu'un gazon, lorsqu'il est soigneusement entretenu, offre par lui-même le moyen le plus facile et le plus agréable de se promener. Toute allée qui le coupe y est tout au moins inutile et toujours déplacée. Les promeneurs ne l'abandonnent guères pour les allées,

que dans les circonstances où il n'est pas praticable.
Ce n'est donc qu'à travers les plantations et les massifs que les allées seront placées sans inconvénient ;
les arbres qui les avoisinent et les accompagnent, en
les couvrant de leur ombre, qui en affaiblit la teinte
trop brillante, ne les laissent qu'entrevoir. Cela ne
suffit pas encore, il faut que, par une molle et flexible courbure , ces allées se prolongent insensiblement; et que, ne laissant point apercevoir le but dès le
départ, cependant elles y conduisent sans jamais en
écarter. Ces insensibles courbures donnent à ces allées
beaucoup d'attrait, parce qu'à mesure qu'on avance
elles présentent successivement dans leur développement des effets et des accidens nouveaux et im-
prévus. Ainsi, faisant espérer à celui qni les parcourt ce qu'elles lui voilent , le desir de satisfaire
une curiosité sans cesse provoquée , l'entraîne en
l'amusant , et le fait cheminer long-tems sans qu'il s'en
aperçoive.

Mais pourtant que le compositeur n'aille pas renfermer constamment ces allées entre d'épaisses plantations, percées exprès pour leur ouvrir un passage:
loin de s'y plaire, celui qui s'y engagerait, fatigué de
leur monotonie , ne s'occuperait qu'à chercher les
moyens d'en sortir. De tems en tems, et à mesure
que les allées se prolongent, faites que, sur la route,
elles offrent au regard des combinaisons nouvelles,
des détails variés ; qu'après avoir circulé quelque tems
dans les massifs, elles arrivent à une clairière secon-
daire , sur laquelle seront répandus quelques arbres
isolés; que dans un détour le promeneur puisse aper-

cevoir, à travers des groupes légers, sous l'aspect le plus avantageux, quelques-uns des tableaux dont la scène principale est ornée ; que partout il rencontre des arbres , des arbrisseaux, diversifiés dans leur espèce et dans leur association. C'est par des effets variés que le site peut fournir ou que le goût peut suggérer, qu'on corrigera la monotonie des allées destinées à la promenade, qu'on les fera parcourir sans fatigue , parce qu'on les suivra sans ennui.

Voilà bien, dira-t-on, la manière de diriger des allées de promenade dans un jardin et le moyen de les rendre amusantes, attrayantes ; mais quelle sera la proportion la plus convenable à donner à leur largeur ? Les symétristes, si j'ose créer ce mot, vous diront que leur largeur doit être proportionnée à leur longueur, ce qui n'est jamais exact. Car, supposons une allée droite de cent toises de longueur, et que pour proportionner sa largeur à cette longueur on lui donnât cinq toises ; il résulterait, en suivant cette proportion, qu'une allée de dix toises de longueur n'aurait que trois pieds de largeur, ce qui n'en ferait qu'une gaîne, qu'une platte-bande ; et qu'une allée de mille toises en aura cinquante. Il n'y a donc point de proportion déterminée. Il est possible cependant qu'une allée droite, dont l'œil peut mesurer la longueur, exige une largeur relative ; mais ce n'est pas sur des proportions arbitraires qu'on doit établir la largeur d'une allée de jardin dont la longueur ne se développe que successivement, ce sera l'agrément et la facilité de la promenade qui fixeront sa largeur. Voici la règle ; elle est tirée d'une constante observation. De quelque nom-

bre d'individus que soit composée la société qui projette une promenade, ils se partageront bientôt en
plusieurs groupes qui, finalement, se réduiront à trois
individus tout au plus. On ne se promène pas long-
tems quatre de front ; ceux des extrémités ne pouvant
parler qu'avec leur voisin respectif, ils se détacheront
insensiblement, et le groupe de quatre en formera
bientôt deux de deux individus chacun. Finalement,
fût-on vingt, on se divisera toujours en groupes de
deux ou de trois, et jamais les groupes n'excéderont
ce nombre tant que durera la promenade. S'il arrive
qu'invités par le desir de jouir d'un entretien commun les groupes veuillent se réunir, à la première
clairière, au premier endroit favorable on s'arrange en
cercle. Dans cette position, on s'arrête, on parle, on
écoute. L'entretien fini, si l'on continue la promenade,
les groupes se reforment, mais toujours composés comme
auparavant de deux et de trois individus. D'après ces observations, toute allée de jardins du genre de celui dont
nous parlons, destinée à la promenade, dans laquelle on
pourra marcher à l'aise trois ou tout au plus quatre
de front, aura donc une largeur suffisante ; l'élargisse-
ment qu'on lui donnera au-delà lui sera tout au moins
inutile, et sera presque toujours nuisible à son agrément ; bien entendu que cette proportion est celle des
allées destinées aux promenades pédestres.

P A G E 81.

(5) Dans une composition bien ordonnée, les plantations épaisses et rapprochées, placées à l'exposition
du nord, sont communément dans la position la moins

défavorable. En voici la raison : les tableaux placés au
midi sont mal éclairés, parce que, d'une part, les
objets verticaux présentent dans la plus grande partie
de la journée leur côté privé de la lumière directe ; et
que de l'autre, l'œil frappé de l'éclat du soleil ne saurait se porter sur eux sans être ébloui. Les perspectives placées au nord sont vues sans ces inconvéniens ;
tous les objets directement éclairés ressortent par des
touches piquantes, et le spectateur dans cette position ne saurait être incommodé par le soleil, puisqu'il
l'a derrière lui lorsque cet astre parcourt sa carrière.

Abstraction faite des considérations particulières au
climat et de la disposition du site, il y a donc plus
d'avantage et moins d'inconvénient à placer au midi
les plantations épaisses et rapprochées, et à se ménager au nord les vues vastes et les perspectives intéressantes. Que si les dispositions du site étaient telles
que cette distribution ne pût pas avoir lieu, il faut
alors chercher les vues du côté de l'est et de l'ouest
par préférence à celui du midi. Là, elles auront du
moins une époque de la journée où elles seront favo-
rablement éclairées, ce sera lorsque le soleil sera
parvenu au côté opposé.

P A G E 86.

(6) Les fleurs vivaces qui éclosent l'automne, dont
les bouquets sont portés sur de hautes tiges, peuvent
s'associer aux arbustes assemblés en groupes et produire un heureux mélange dans leur association. En
succédant aux fleurs dont les arbustes s'étaient parés
au printems, leur mélange avec les plantes ligneuses,

si l'association en est ménagée avec goût, fera en automne briller celles-ci de l'éclat qu'ils avaient alors. Les arbustes à leur tour, par leur disposition, leur forme et le vert de leurs feuillages, feront ressortir ces fleurs et en rendront les couleurs plus vives et plus brillantes. Cette association, d'ailleurs, est sans inconvéniens, parce que ces sortes de fleurs se propagent d'elles-mêmes, et qu'elles n'exigent ni une culture soignée et assidue, ni une terre ostensiblement préparée.

Il n'en est pas de même des fleurs herbacées annuelles ; leur culture demande des soins particuliers et journaliers ; il faut une terre préparée d'avance, dont la nudité déplaît et se montre long-tems avant qu'on puisse voir éclore les fleurs que doit produire cette terre. Sont-elles flétries, ce qui arrive peu après leur floraison, il faut, sous peine de les perdre, les laisser en place quoique fanées et même desséchées jusqu'à ce que la graine, l'oignon, la patte, la griffe aient acquis la maturité nécessaire à leur reproduction. Cet état de desséchement, dont l'existence est plus longue que celui où les fleurs se montrent dans leur beauté, ne présente qu'un aspect désagréable, qui fait acheter bien cher le plaisir de quelques instans. Trop peu volumineuses d'ailleurs et supportées par des tiges faibles et courtes, ces fleurs, associées aux massifs, joueraient un rôle trop subalterne. Que si, pour obvier à cet inconvénient, on les réunissait par groupes répandus çà et là, loin d'embellir la scène où ils seraient placés, ces groupes, trop petits pour l'ensemble, y feraient tache. Ensuite, si l'on se rappelle que la

saison où ces plantes annuelles fleurissent est à peu
près la même qui voit éclore les fleurs de presque
tous les arbustes et les arbrisseaux, on comprendra
qu'on ne peut, en les réunissant, tirer de leur association le même avantage qu'on obtient des fleurs
vivaces qui, plus tardives, ne se montrent que lorsque
les plantes ligneuses à fleurs sont dénuées des leurs.

Mais ceux qui aiment ces fleurs annuelles (et l'on
sait avec quelle passion ils les chérissent), s'en prive-
ront-ils parce qu'elles ne sauraient figurer avec avantage dans les scènes de leurs jardins ? Les fleurs de cette
classe ont sans doute de grandes beautés et de grands
attraits, je ne saurais le nier ; elles joignent, à la grace et
à l'élégance des formes, les couleurs les plus éclatantes, les nuances les plus vives et le plus ingénieusement mélangées, et je comprends qu'on desire ardem-
ment se procurer cette charmante jouissance. Pour
l'obtenir sans les inconvéniens attachés à leur culture,
et avec tous les agrémens que l'amateur peut s'en
promettre, qu'il rassemble et distribue à son gré,
dans un bocage qui lui soit particulièrement consacré, cette élégante et infructueuse production, qui,
vu son inutilité, semble avoir été imaginée par la Nature uniquement pour le charme des yeux. Là, il
préparera ses terres à loisir, il donnera à ses planches
la forme qui lui paraîtra la plus agréable pour disposer et présenter ces fleurs sous l'aspect le plus avantageux. Ce bocage, que je nommerais *FLEURISTE*, visité
dans sa beauté, abandonné quand il aura perdu ses
charmes, remplira les vues de l'amateur et lui sauvera
l'aspect que présente la culture des fleurs de ce genre,

aspect froid et insipide avant leur développement,
déplaisant quand elles sont fanées et sèches.

P A G E 86.

(7) Nombre d'arbres et d'arbrisseaux s'embellissent
en automne des fruits, des baies qui succèdent aux
fleurs qui les ont décorés au printems. L'artiste ne
négligera pas cette ressource lorsqu'il les ordonnera;
il s'attachera peu aux arbres qui ont pour objet les
fruits cultivés; rarement ils se présentent sous une
forme heureuse. La greffe et la taille perfectionnent
le fruit, défigurent l'arbre. Ce n'est pas dans les jardins
destinés au plaisir des yeux que l'on s'attend à rencontrer les arbres utiles sous le rapport de *l'agrément*.
Les sauvageons à fruit seraient préférables, leur forme
originelle n'a point été altérée; ils donnent des fleurs
en grande abondance. Mais aujourd'hui nous sommes
si riches en arbres, en arbrisseaux, en arbustes d'agrément que, pour orner nos jardins et y jeter de la
variété, nous n'avons pas besoin d'avoir recours aux
sauvageons à fruit.

P A G E 87.

(8) La position la plus avantageuse à de telles
perspectives sera celle d'un bois en amphithéâtre, où
chaque arbre n'est caché qu'en partie par celui qui
le précède, et ne saurait couvrir qu'à moitié celui qu'il
a derrière lui. Les formes contractées des parties qui
se montrent, les teintes variées des feuilles qui prennent d'autres couleurs produisent, quand l'assortiment

en est heureusement combiné, des effets piquans qui attirent le regard, flattent la vue et paraissent d'autant plus intéressans qu'ils sont momentanés, et qu'ils offrent le dernier effort de la végétation. Pour obtenir, dans ce genre, des effets qui plaisent, il faut que les arbres se présentent en masses grandes et variées dont les couleurs se fondent ici, se heurtent ailleurs; et, s'il se peut, que ces nuances soient rendues plus sensibles par l'association des arbres dont l'espèce ne perd jamais ses feuilles.

P A G E 88.

(9) La terre, parée des trésors de l'automne, étale une richesse que l'œil admire; mais cette admiration n'est point touchante; elle vient plus de la réflexion que du sentiment. Au printems, la campagne presque nue n'est encore couverte de rien; les bois n'offrent point d'ombre; la verdure ne fait que poindre, et le cœur est touché à son aspect. En voyant renaître ainsi la Nature, on se sent ranimer soi-même; les compagnes de la volupté, ces douces larmes, toujours prêtes à se joindre à tout sentiment délicieux, sont déjà sur le bord de nos paupières: mais l'aspect des vendanges a beau être animé, vivant, agréable, on le voit toujours d'un œil sec.

Pourquoi cette différence? c'est qu'au spectacle du printems, l'imagination joint celui des saisons qui le doivent suivre. A ces tendres bourgeons que l'œil aperçoit, elle ajoute les fleurs, les fruits, les ombrages, quelquefois les mystères qu'ils peuvent couvrir; elle réunit en un point des tems qui doivent se succéder, et voit moins les objets comme ils sont que comme elle les desire, parce qu'il dépend d'elle de les choisir. En automne, on n'a plus à voir que ce qui est. Si l'on arrive au printems, l'hiver nous arrête, et l'imagination glacée expire sur la neige et les frimats.

Tel est le sentiment du célèbre citoyen de Genève, qui a si bien vu et si bien peint la Nature. Emile, page 324, liv. II, édit. d'Amsterdam. M. DCC. LXII.

D'après l'opinion de Rousseau sur la différence des impressions qu'excitent ces deux saisons, opinion qui ne diffère pas de la mienne, et qui, à ce qu'il me semble, est la plus générale, ne pourrait-on pas conclure que l'automne est la saison du sensuel et le printems celle du voluptueux ?

C H A P I T R E V I.

P A G E 112.

(1) Que prétend donc celui qui, se proposant de façonner un terrain, le coupe en talus secs et égaux ? Ne voit-il pas que si dans sa marche et ses opérations il néglige la Nature, la Nature à son tour le contrariera sans cesse ; qu'à la longue elle émoussera ces angles aigus ; qu'elle arrondira, qu'elle liera entre elles ces pentes qu'il a désunies, et qu'enfin, en dépit des soins qu'il a pris, elle détruira l'œuvre de l'art et reprendra ses droits ?

Que penser encore de celui qui projette de faire prendre à une plaine les mouvemens d'un site montueux ? En creusant ici, en haussant là, il parviendra bien à rendre inégal un plan de niveau ; mais eût-il imité scrupuleusement dans chaque coupe particulière du terrain les inflexions indiquées par la Nature, il n'aura pas établi cette tendance générale qu'elle observe dans les sites en pente qu'elle a modelés, et l'œil le moins attentif, le moins exercé apercevra bien vîte, à travers le travail et la dépense, le vice de correspondance entre les parties intactes et celles où les terres ont été fouillées et amoncelées. C'est ce défaut de tendance générale et de relation des pentes entre elles qui, montrant l'œuvre de l'homme au lieu de celle de la Nature, manifeste l'incapacité de l'ordonnateur et déplaît au spectateur; parce qu'il ne voit dans ces déblais et ces remblais que des creux et des buttes là où l'on prétendait lui montrer des côteaux et des vallons.

PAGE 112.

(2) La plus légère attention suffit pour reconnaître dans la chûte des pluies la cause des inflexions qui dessinent les pentes des côteaux et des montagnes. Cette cause agit le plus ordinairement avec lenteur, mais en tout tems et en tout lieu. En examinant les effets qui en résultent, on voit qu'au moyen des matières détachées par les pluies et roulées par les eaux de la pluie, des parties supérieures des terrains en pente s'affaissent et s'arrondissent plus ou moins; que ces mêmes matières chariées s'arrétent là où la pente cesse; qu'en s'y accumulant elles adoucissent l'angle qui provient de la rencontre du plan incliné et du plan de niveau. D'où il arrive que la base des côtes se prolongeant par une pente successive et insensible,

et le haut perdant ses formes aiguës, la totalité de la pente ainsi modelée, présente dans sa coupe le profil d'une doucine plus ou moins molle, plus ou moins flexible, plus ou moins accentuée, en raison de l'effet des forces actives sur les passives. Les matières détachées et entraînées par les eaux de la pluie, coulant avec moins de célérité et en moindre quantité, à mesure que les plans inclinés perdent de leur déclivité; l'impression produite par cette action diminue sans cesse, et s'affaiblit à tel point à la suite des tems, que l'effet en est insensible.

Ce sont ces formes, suite nécessaire d'une cause générale et toujours renouvelée, que l'artiste jardinier doit étudier pour apprendre à les imiter; ce sont les inflexions qui sont la source de ces innombrables tableaux que nous présentent les sites montueux; c'est de l'immense variété de ces inflexions, que ces sites obtiennent cette diversité non moins incalculable d'expression et de caractères: accord admirable entre la simplicité, l'uniformité des causes d'une part, et la magnificence, la variété des effets de l'autre; accord qui n'appartient qu'à la Nature.

PAGE 114.

(3) Sans doute les vents violens, les fortes gelées; sans doute l'action et la force des vapeurs mises en mouvement par la chaleur; les secousses souterraines, les volcans et d'autres causes de fermentation, conjointement avec le travail des pluies et celui des eaux fluentes, concourent aussi à modifier la superficie de la terre; mais les effets qui résultent de toutes ces causes ne sont que locaux; et comparés à ceux dont nous

venons de faire la peinture, à peine sont-ils aperçus,
si ce n'est dans quelques circonstances particulières.

PAGE 115.

(4) C'est ici le cas de parler de deux difficultés qui
arrêtent souvent l'artiste jardinier; l'une regarde l'exécution, et l'autre le moyen de composer les jardins de ce
genre, et surtout d'en rendre sensibles les effets et
d'en faire concevoir le caractère avant son exécution.
Voici la première de ces difficultés.

Dans la plupart des arts qui tiennent au goût, il y
a deux parties distinctes, le libéral et le mécanique,
ou, en termes moins techniques, la partie que tient
au génie, au goût, au sentiment, et celle qui dépend
de l'exécution. Quelques arts réunissent l'un et l'autre
dans le même individu ; celui qui a conçu le projet
l'exécute. Dans la peinture, dans la sculpture, par
exemple, il serait difficile que cela ne fût pas ainsi;
parce que c'est dans l'exécution, dans ce qu'on appelle le *faire*, que gît le talent et une grande partie
du mérite de l'ouvrage. Mais d'autres arts sont forcés,
pour l'exécution de leurs projets, de recouvrir à
des mains étrangères : tel est l'art de l'architecte ;
tel est celui du musicien ; tel est aussi celui du jardinier. Heureux l'artiste qui, pouvant se passer du
secours d'autrui, ou qui trouvant, dans des hommes
exercés, les talens propres à seconder les siens, parvient à manifester ses pensées avec exactitude, et à
donner à l'exécution de ses projets cette chaleur qui
l'anime dans le moment où il les conçoit! Mais le jardinier qui a à façonner un terrain, qui veut lui faire

acquérir la grace, la vérité et l'expression dont lui
seul a le sentiment, à qui en confiera-t il l'exécution ?
où trouvera-t-il des coopérateurs en état de le seconder ?
peut-il se flatter de les rencontrer dans les ouvriers
destinés à remuer la terre ? ou bien, l'outil à la main,
ira-t-il lui-même la travailler ? S'il avait du moins les
ressources de l'architecte, qui, au moyen de son crayon
peut écrire ses projets avec clarté, et les faire lire
avec exactitude; qui peut les abandonner avec confiance
à un conducteur instruit par l'expérience; qui, sous sa
simple inspection, est sûr de les diriger sans erreur
et de les faire parvenir au terme heureux d'une parfaite exécution ! Mais, l'artiste jardinier, par quel
moyen fera-t-il exécuter avec ponctualité, avec goût,
les formes perpétuellement variées qu'exigent les
mouvemens du terrain ? comment indiquera-t-il ces
touches tantôt fermes, tantôt molles, ces traits si divers
et si multipliés et cependant toujours naturels ? comment désignera-t-il les liaisons entre les parties concaves
et les convexes, qui changent sans cesse ; enfin tant de
détails si essentiels, sans lesquels il ne peut faire prendre à la marche de son terrain la grace, la vérité et l'expression qui doivent faire le charme de ses tableaux ?
Comment enfin, fera-t-il passer dans l'ame de celui qui
exécute les idées qu'il a conçues, et les effets qu'il
sent et qu'il veut produire ? il ne lui reste, hélas ! que
l'ennuyante et pénible ressource de suivre lui-même
pas à pas le manœuvre qui exécute, et de diriger jour-
nellement ses bras.

Quel est le moyen le plus efficace de rendre sensibles aux yeux du propriétaire desireux de les connaitre,

les effets qui doivent résulter de la composition d'un jardin du genre dont je parle avant son exécution ? Voilà encore une autre difficulté non moins embarrassante. Comme dans ce cas un modèle en relief est impraticable et serait même insuffisant, il n'est point alors de propriétaire qui ne demande un plan à l'artiste. Un plan géométral! qu'y verra-t-il ce propriétaire ? Tout au plus une disposition générale. Mais comment, sur une surface platte, jugera-t-il des objets vus verticalement et des effets de perspective ? Par quel moyen ce plan lui rendra-t-il l'expression d'une scène qui dépend du mouvement du terrain, des effets de la lumière et des combinaisons infinies que fournissent les matériaux de la végétation, elle qui joue un si grand rôle dans la composition et les scènes d'un jardin ? Où se trouveront les perspectives et les accidens hors de l'enceinte qui, ne pouvant être embrassés par le plan, n'en font pas moins une partie de l'ensemble et la partie souvent la plus essentielle, puisqu'elle détermine presque toujours le style et le caractère de la composition ?

Ce sont cependant là les moyens ordinairement employés pour mettre le propriétaire à portée de juger les projets qu'on lui propose, et les seuls qui puissent lui en faire sentir et concevoir les effets. Je n'accuserai pas le propriétaire à qui ces moyens laisseraient de l'incertitude, ni même celui qu'ils jetteraient dans l'erreur; ce n'est pas à lui à connaître les moyens propres à les lui procurer. Mais que penser de l'artiste qui prétend manifester ses conceptions et les faire connaître d'une manière claire et précise par un plan ?

A peine un plan l'aidera-t-il à ordonner sa composition, à distribuer ses grandes masses, à disposer ses scènes principales ; encore ne saurait-il tracer ces dispositions qu'après les avoir conçues sur le local, inspiré par le caractère du site et d'après les idées qu'il lui aura suggérées.

Celui-là seul qui connaît la variété des formes dont le terrain est susceptible et l'immensité des effets qui en résultent, sent le peu de ressources qu'offre un plan topographique, et conçoit l'impossibilité de rendre, par ce moyen, sensible et claire l'expression des scènes de la Nature, et les impressions que ces scènes nous font éprouver. Des descriptions faites par l'artiste qui sait écrire, jointes à des dessins, seraient un moyen moins imparfait ; et le seul qui puisse le faire approcher du but ; mais des dessins ne font voir que la partie renfermée dans le cadre qui les circonscrit, et ne présentent la scène que vue du point d'où l'artiste l'a copiée. Quoique ces deux moyens soient en eux-mêmes et par leur réunion les meilleurs pour mettre le propriétaire au fait des effets d'un jardin projeté, encore faudra-t-il qu'il se mésie du crayon du dessinateur, dont le *faire* peut le séduire, et de la plume de l'écrivain, dont le style peut l'entraîner.

PAGE 118.

(5) Lorsque le genre de jardin aura été judicieusement appliqué au caractère du site, l'artiste, à moins qu'il n'ait la prétention de faire mieux que la Nature, n'aura rien à changer à la marche du terrain : tout au plus arrivera-t-il que la grace et un marcher plus facile demanderont quelques légères modifications ; mais ce

travail sera peu coûteux. Les remuemens de terres ne
sont considérables que quand on se propose d'inter-
vertir la marche générale du terrain, ou bien quand
cette marche a été altérée par les talus, les terrasses,
et par les nivellemens ordonnés d'après le systéme
régulier. C'est alors que l'artiste qui n'admet dans ses
compositions que les effets naturels, forcé de faire
reprendre au terrain sa marche primitive, se voit
dans la nécessité de se livrer à de grands mouvemens
de terre, opération aussi fastidieuse pour lui que coûteuse pour le propriétaire. Heureux encore, lorsque ces
altérations ne passent pas les environs de l'habitation!
car c'est autour de l'habitation que la marche du terrain est le plus défigurée. A ce propos, qu'il me soit
permis de faire une observation. N'est-il pas bien singulier, et c'est une chose à faire remarquer, que partout ce soit l'entour de nos maisons de campagne qu'on
ait choisi de préférence pour dénaturer le terrain par
ces froids nivellemens, ces talus secs et réguliers qui le
contrarient et défigurent sa marche, tandis que le
terrain au-delà a été respecté et n'a rien perdu de ses
formes naturelles? N'est-il pas étrange que la différence très-remarquable qu'il y a entre ces dispositions froides et sèches et l'ordonnance si aimable de la
Nature, ait échappé à ceux qui aiment le séjour de la
campagne et qu'elle n'en ait corrigé aucun?

P A G E 121.

(6) Puisque le local sur lequel le manoir du *Jardin* du
Parc est assis suppose un choix, ce local doit être
traité de manière à remplir le but qu'on s'est proposé,
en lui donnant la préférence. Cette considération suffit

pour justifier les agrémens qu'on répand autour de l'habitation, et autoriser l'artiste à s'y livrer, pourvu que ce soit avec discernement et discrétion. Ces agrémens consistent particulièrement dans des pentes bien ménagées, dans des allées bien dessinées, dans le choix des arbres et des arbrisseaux, dans la fraicheur des gazons, enfin dans un entretien plus recherché, et surtout dans une communication facile et une liaison intime et agréable entre le manoir et les jardins.

CHAPITRE VII.

PAGE 134.

(1) IL est très-vrai que, dans tous les cas, les eaux, quel que soit leur caractère, stagnantes, tombantes ou fluentes, ne doivent pas, dans un jardin du genre de ceux dont je parle, paraître un accident produit par un effort évident de l'art, ni se montrer sous des formes qui ne soient ni amenées ni justifiées par la disposition du terrain qui les renferme. Si ces conditions, indiquées par la Nature elle-même, sont les seules sous lesquelles les eaux que nous introduisons ou dirigeons peuvent plaire, quels charmes peuvent avoir ces rivières suspendues à mi-côte ou qu'on fait circuler sur les hauteurs, et qui n'osent jamais descendre dans les vallons altérés que ces hauteurs dominent? Quel plaisir peut procurer l'aspect d'un filet d'eau qui, sortant forcément de l'extrémité d'un tube placé exactement au centre d'un bassin arrondi par la main du maçon, s'élève verticalement et retombe en gouttes sur le trou d'où il s'est échappé ?

Pour bien juger son effet, auquel la prévention met un si grand prix, comparons-le à celui d'une masse d'eau qui, s'échappant librement, se brise dans sa chûte, tourmentée par la rencontre des obstacles qui fait rejaillir ses eaux en tous sens. Le bruit de cette cascade, sans cesse varié, nous amuse par ses différens tons ; sa chûte précipitée nous anime par sa pétulance ; l'écume qui blanchit une partie de ses eaux, le crystal brillant de ses nappes, les couleurs éclatantes d'un million de globules qui s'élancent de tous côtés, attirent et attachent le regard et ne le lassent jamais. Comparons encore le jet-d'eau aux mouvemens irréguliers d'un ruisseau vif et gai, dont le rythme inégal mais doux nous plonge dans la rêverie, ou nous éveille par la variété de ses accens. Mais un jet-d'eau uniforme dans son élan et sa chûte, que nous fait-il entendre ? un bruit égal, insipide. Semblable à celui d'une pluie abondante et continue, ainsi qu'elle il nous attriste et nous ennuie par sa constante monotonie : toujours le même pour les yeux et les oreilles, il les lasse et les fatigue bientôt.

Parlerai-je aussi de ces cascades façonnées par la main de l'art, où l'eau régulièrement et également distribuée marche à pas égal et compté, et ne se montre qu'une fois l'an et pendant quelques heures seulement ? En vain le marbre, le bronze viennent à leur secours ; ces constructions, aussi long-tems qu'elles sont privées de leurs eaux, ne présentent, dans leur fastidieuse décoration, qu'une carcasse insignifiante et déplacée. Quel étalage pour la jouissance d'un moment ! Quelle dépense pour un spectacle si rare et

d'une si courte durée ! Il n'est pas jusqu'aux expressions par lesquelles on désigne les effets factices de
ces cascades qui ne soient risibles. *On fera jouer les
eaux*, dit-on. *Des eaux qui jouent !* quel triste jeu !

Que l'art dirige les eaux pour nos besoins, qu'il
mette en œuvre toutes ses ressources pour faire agir
d'utiles machines applicables à nos manufactures, ou
destinées à fertiliser nos cultures, je le conçois; mais
que tant d'effort soit employé, que tant d'argent soit
prodigué pour d'artificielles décorations, dont les effets
sont si monotones, c'est ce que la raison ne peut admettre, ce que le bon goût ne saurait approuver. Ces
effets peuvent causer quelque surprise, attirer un moment le regard étonné; mais sont-ce là les impressions que doivent produire les eaux en action ? sont-ce
là les sentimens qu'on aime à éprouver à l'aspect d'un
tableau où les eaux jouent un rôle ? Je ne le crois
pas. On aime à voir les eaux, non s'élancer avec
effort, mais tomber librement et constamment de
chûte en chûte, se précipiter et rejaillir, divisées par
mille obstacles. On aime à les voir fuir en murmurant
dans le fond des vallons, ou couler avec une majestueuse lenteur à travers une riche vallée, et non sur
le penchant d'une côte ou sur la cîme d'une montagne; ce n'est pas non plus renfermées entre des
murs sous des formes régulières; on aime à les voir
en napes étendues, libres dans leurs formes, entourées
d'arbres et de verdure. C'est ainsi que les eaux nous
plaisent; c'est sous ces formes, c'est par ces accidens qu'elles agissent vivement sur nos sens, qu'elles
exercent un empire sur nos sentimens, qu'elles nous
font éprouver non un moment de surprise ou d'éton-

nement, mais des émotions douces, agréables, délicieuses, et quelquefois fortes et profondes.

P A G E 134.

(2) Le premier charme des eaux, c'est la limpidité.
Moins les bassins qui les renferment sont étendus,
plus elles doivent être pures. Privées de l'action de
l'air elles sont, dans les petits bassins, sujettes à se
salir et même à se corrompre. Il est donc pour la
surface des eaux stagnantes une étendue en-deçà de
laquelle elles ne sauraient conserver long-tems leur
netteté, même quand elles se renouvelleraient de superficie. J'ajouterai, relativement à la salubrité, que
la quantité d'eaux stagnantes dans un pays doit se
calculer, non-seulement d'après leur plus ou moins
grande pureté, mais encore relativement au climat, à
la nature du sol, à la disposition du site. Sans ces
considérations, on courrait le danger de rendre mal
sain le lieu que l'on veut rendre agréable.

P A G E 145.

(3) Cette observation est fondée sur ce que, d'une
part, les ruisseaux sont dirigés dans leur marche par
des côteaux très-rapprochés, qui, resserrés par des
vallons étroits où ces petits ruisseaux affluent, sont forcés
par conséquent d'en suivre toutes les sinuosités ; elle est
fondée, d'autre part, sur ce que ces ruisseaux se ren-
contrant dans leur route, forment insensiblement rivière par la réunion de leurs eaux : alors la masse
d'eau, plus considérable, a plus de force pour vaincre
les obstacles qui la détournaient ; alors les vallons de-

viennent de larges vallées; les côtes, auparavant rapprochées, s'écartent insensiblement, et perdent l'empire
que dans l'origine elles exerçaient, par leur rapproche-
ment, sur la direction des ruisseaux.

P A G E 146.

(4) Cette observation peut, quand la circonstance
est favorable, engager à placer un pont sur une rivière
factice, sans y être invité par le besoin ; seulement
pour en dissimuler le terme et entretenir l'idée de sa
continuité. Ce moyen est heureux ; mais pour produire
cette illusion, il doit être mis en œuvre avec beaucoup d'adresse, sinon il produira l'effet opposé.

P A G E 147.

(5) Cependant il peut arriver que, lorsqu'une île
s'est formée dans le point où le cours de la rivière
fait un détour, cette île se contourne de même et forme
un pli pour prendre une direction semblable et parallèle aux rives de l'affluent. Quelquefois aussi une
île peut prendre une forme extraordinaire par les obstacles que son sol a présentés aux efforts des eaux ,
tels que des rochers ou quelque autre corps solide et
ferme que le courant n'a pu vaincre. Ce n'est que par
l'effet de semblables accidens que la forme des îles
d'une rivière peut différer de la forme ordinaire.

P A G E 152.

(6) Les eaux ont des charmes si puissans, elles sont
partout un accident si heureux que, de tous les matériaux qui entrent dans la composition des jardins ,
celui-ci est peut-être le seul en faveur duquel on par-

donne les efforts de l'art pour se le procurer, pourvu toutefois que ces efforts soient justifiés par les effets qu'on en retire, et que ces eaux, parvenues sur la scène qu'elles doivent embellir, ne laissent pas apercevoir les moyens qu'on a employés pour les y amener. Les agrémens réels et toujours desirés qu'elles ajoutent à un jardin, rendent l'artiste moins sévère et moins scrupuleux sur l'emploi qu'il en fait. Qu'il ait, par exemple, à traiter un site dont la composition appelle un ruisseau; s'il se détermine à l'y amener, s'il trace à cet affluent artificiel une marche dirigée d'après les mouvemens du vallon, qu'il en voile adroitement l'origine et le terme, que ni l'un ni l'autre ne soit jamais aperçu, ne soit pas même soupçonné. Alors, quoique les eaux de ce ruisseau soient réellement stagnantes, l'œil se laissera facilement tromper au léger frémissement qui, à la plus faible action de l'air, agitera et ridera sa surface; il croira le voir couler.

Que si la disposition du terrain permet des eaux en nappes, c'est encore à l'art, réuni au goût, à cacher les digues, les retenues. Si l'artiste enfin hasarde d'orner sa composition par des eaux tombantes, c'est-à-dire, s'il veut l'animer par des cascades, qu'il ne se livre à l'exécution de ce projet que dans le cas où le site l'y invitera fortement par sa disposition. C'est là que l'art et le goût doivent travailler de concert pour réunir à la solidité et la grace et la vérité. S'il n'a l'eau en assez grande abondance pour donner à cette fabrique l'importance et la masse exigée par l'étendue de la scène; si l'effet n'est continu ou s'il cesse avant qu'on soit lassé de le regarder, qu'il se garde de le tenter.

Dans l'art des jardins, rien n'est si délicat à traiter,
rien n'exige dans l'artiste autant de goût et d'expérience
que les eaux ; rien en même tems n'est aussi invitant
que de telles entreprises : aussi est-ce là que trop souvent vient échouer l'artiste, séduit par l'effet qu'il en
espérait. En vain aura-t-il acquis des connaissances
dans l'hydraulique ; en vain aura-t-il étudié l'art de contenir les eaux et de surmonter tous les obstacles que lui
opposera ce mobile et fugitif élément, s'il oublie que,
plus les moyens qu'il est forcé de mettre en œuvre pour
le maitriser sont étrangers à ceux qu'emploie la Nature,
plus il doit mettre d'art à les voiler ; enfin, lorsque, ras-
suré par ses talens, son goût, son expérience, et déterminé par de sages réflexions, il sera arrivé jusqu'au succès, il faut qu'il sache encore que tout cela ne suffira pas,
s'il n'a balancé les avantages et les agrémens avec les
dépenses qu'occasionnent de telles entreprises ; sinon il
courra le risque de s'être livré à une entreprise funeste
à sa réputation et ruineuse pour le propriétaire.

C H A P I T R E   V I I I.

P A G E 160.

(1) Veut-on prendre une légère idée de la différence
que la Nature a mise dans les formes, le caractère et
l'expression des plantes ligneuses ? (je mets à part
la différence qu'il y a entre les arbres et les arbrisseaux,) qu'on compare à la mâle structure du chêne,
la forme élancée et pyramidale du peuplier de Lom-
bardie ; les groupes tombans du saule de Babylone,
à la taille élégante et majestueuse du cèdre du Liban ;

et puis qu'on se représente les innombrables modifications qui, dans les productions particulières à cette
classe, existent entre les quatre individus que nous
venons de citer : l'on sera loin encore d'avoir saisi
toutes les variétés, toutes les nuances qu'offrent les
arbres, de s'être formé une image complète de la diversité de formes et de caractères sous lesquels la
Nature les a dessinés.

P A G E 163.

(2) Entre l'impression que produit l'aspect d'un pays
ombragé par des arbres, et celle que fait éprouver
le pays qui en est dénué, la différence est grande ;
elle est remarquée par l'œil le plus insensible aux
tableaux de la Nature. Un site offrirait en vain des
cultures fertiles, des côtes, des vallons, des eaux et
tout le jeu qui constitue un joli pays, s'il est privé
d'arbres, quelque charme qu'il ait d'ailleurs, il paraîtra froid et nu, il laissera quelque chose à desirer. Que
le plus petit groupe, qu'un arbre seulement s'élève au
milieu d'une plaine qui en est dénuée, l'œil avide ne
l'a pas plutôt aperçu, qu'il ne le quitte plus et ne voit
que lui. Les plantes ligneuses parent, embellissent
tout, les plaines, les vallons, les côteaux, les sites
montueux, les eaux, les rochers. Non ! sans la présence des arbres, il n'y a rien de champêtre ; ce sont
eux qui rendent une situation plus fraîche, plus riante,
plus voluptueuse ; ce sont eux qui lient les bâtimens
et toutes les fabriques au site sur lequel ils sont placés. Il n'est point enfin de perspectives si magnifiques
qu'ils n'enrichissent, point de scènes si belles ou ils
ne figurent avec avantage et qui n'en aient besoin.

P A G E 169.

(3) Rien ne s'associe mieux, rien ne s'assortit avec autant de grace que les arbres et les gazons. De quelque manière que soit combiné leur mélange, ces deux objets réunis composent, sans le secours d'aucun autre, des tableaux toujours agréables, des scènes toujours intéressantes, dont les effets sont immanquables. J'en excepte cependant ces distributions calculées, méthodiques, dirigées par la toise et le cordeau. Ici, comme ailleurs, elles ne sauraient jamais produire que d'insipides effets. Mais il est rare que des arbres, des arbustes, négligemment jetés, groupés au hasard sur un tapis de verdure, sur une pelouse, ne produisent dans leur désordre des tableaux plus ou moins heureux. En effet, que sur la surface d'un terrain quelconque, soit plaine, soit vallon, on jette sans ordre, sans intention déterminée, des groupes inégaux d'arbres et d'arbrisseaux de caractère et de ton différent, à travers lesquels l'œil pénétrant aisément jouisse du jeu d'ombre et de lumière qu'ils occasionnent sur le tapis de verdure qui couvre le sol....; de cet assemblage résultera presque toujours un effet champêtre dont l'aspect plaira. Le terrain est-il en pentes variées et peu inclinées, les arbres sont-ils gais et légers, les groupes sont-ils espacés, le gazon qui est à leur pied a-t-il de la fraîcheur? la scène sera douce et paisible, elle invitera au repos, ou elle sera gracieuse et riante, et disposera l'ame à la sérénité; mais si les mouvemens du terrain sont durs et tourmentés; si l'épaisseur et la teinte du feuillage rembrunissent les arbres; si par leur

âge ces arbres forment des voûtes élevées et sombres ; si la vue s'égare dans de profonds et obscurs détours ; si la pelouse est sèche et mousseuse, la scène que présente cet ensemble sera ou imposante ou calme et silencieuse. Dans le premier cas, la scène invitera au recueillement ; et dans le second, elle inspirera cette douce mélancolie qu'aiment les cœurs sensibles et qu'ils préfèrent souvent à des sentimens plus vifs et peut-être moins voluptueux.

Ces tableaux, presque toujours créés spontanément par la Nature, sont un jeu du hasard et non le fruit d'une combinaison raisonnée ; ils pourraient donc l'être de la fantaisie.

P A G E 171.

(4) La première tentative que fait celui de qui s'empare l'anglomanie en fait de jardin, est de percer ses bois par ce qu'il appelle des tortilles, sentiers de quelques pieds de largeur en effet très-tortillés. N'osant attaquer ni la ligne régulière qui termine extérieurement son bouquet de bois, ni rendre par des clairières sa lourde masse plus légère, il cherche à y pénétrer en s'ouvrant d'étroits sentiers qui lui semblent d'autant plus anglais, que dans leurs contours ils s'éloignent davantage de la ligne droite. Peut-être aussi ce qui le sollicite de se livrer à cette opération, c'est que n'ayant jamais joui de toute l'étendue de son bois, n'en connaissant que ce que lui en montrent quelques allées droites dont la surface n'est souvent pas la centième partie du total de la superficie que le bois occupe, il prévoit que ces percées nouvelles par lesquelles

il pourra le visiter dans toute sa profondeur et le parcourir dans tous ses recoins, le feront parvenir là où ses yeux et ses pieds ne pénétrèrent jamais, et que ce moyen étendant sa jouissance sans augmenter sa propriété, il va l'agrandir. En cela il raisonne juste; c'est vraiment une acquisition qu'il fait. Mais quelle triste jouissance que celle d'un sentier sombre, uniforme, privé de vue, contourné en tout sens, dirigé au hasard, sans but, sans accident, sans variété, et qui, trop étroit parce qu'on a voulu en épargner quelques arbres ou ménager quelques taillis, force ceux qui s'y engagent d'aller à la file sans pouvoir converser, seule ressource pourtant pour se soustraire à l'ennui d'une si triste promenade!

P A G E 174.

(5) Mais, dans ce cas, si les arbres ne couvrent pas le sommet de l'éminence sur laquelle ils sont plantés, s'ils le laissent apercevoir, le bois perd tout l'avantage de la position. Un moindre monticule recouvert jusqu'au haut serait préférable; rien du moins ne troublerait l'effet de la suspension.

Cet effet d'un bois suspendu est si précieux que, pour le fortifier, on supplée au trop peu de hauteur de la côte, par le choix dans la proportion des arbres, en plaçant au sommet les plus grands, les plus élancés, en réservant les plus petits pour les parties inférieures. Mais il ne faut pas oublier que les arbres, dans ce cas, étant d'espèces nécessairement différentes, doivent être associés de manière que le mélange ne soit pas incohérent, discordant de formes et de tons.

P A G E 177.

(6) La combinaison de tous ces moyens bien entendue, met entre les parties des distances marquées, des intervalles sensibles qui, rendant les masses plus saillantes, plus distinctes, déterminent les plans. Les arbres les plus forts et les plus vigoureux paraissent se rapprocher par la couleur sombre que leur donne l'abondance de leurs feuilles, tandis que les plus petits, les plus légers semblent fuir. Les uns et les autres tracent dans le ciel des contours inégaux et variés, et quoique ces inégalités ne soient qu'apparentes, elles se dessinent sous des formes pittoresques qui font le charme des yeux. Ces effets, dûs au cadre et fondés sur les lois de la perspective, plaisent généralement par le piquant de la variété. Le spectateur change-t-il de place, ce ne sont plus les mêmes effets, les mêmes formes; ce qui faisait saillie s'échappe, l'œil aperçoit ce qu'il n'avait même pas soupçonné : et quoique les objets soient les mêmes et que leur position respective n'ait pas changé, ils présentent d'autres combinaisons et produisent de nouvelles décorations.

Tous ces effets, ainsi que bien d'autres, sont dûs à ce que j'appelle le cadre. Qu'il me soit permis de fixer un moment l'attention sur cette partie si intéressante de l'art. Quoique je ne l'aie pas négligée toutes les fois qu'il a été question d'ensemble, d'accord, de proportion, de relation, je crois utile néanmoins de m'étendre plus particulièrement sur cet objet.

Le cadre est la borne et souvent le complément des tableaux de la Nature. Il est par lui-même si important, si délicat·que, pour peu qu'on lui fasse subir quelque changement, l'expression de la scène qu'il renferme en est ou affaiblie ou fortifiée, et quelquefois totalement dénaturée. En effet, lorsque dans les accidens, dans la forme, dans la proportion, le cadre n'a pas avec le tableau qu'il embrasse une exacte analogie, la composition n'aura ni cet ensemble qui offre l'unité, ni cet accord qui en fait le premier charme ; elle laissera tout au moins quelque chose à desirer.

La faculté qu'a le cadre de varier ses formes, de s'étendre et de se resserrer, de s'éclaircir et de se rembrunir, lui donne une action très-sensible sur toutes les perspectives où il joue un rôle ; il fixe leur étendue, il cache ce qui leur préjudicie, et laisse en évidence ce qui leur convient. C'est le cadre qui, en s'ouvrant à propos, découvre ces lointains qui rendent une scène vaste et profonde, ou lui donne de la gaîté et de l'éclat ; c'est par lui qu'une perspective acquiert de la tranquillité et devient solitaire. C'est le cadre qui, sans changer de dimension, seulement par les différentes formes et les différens mouvemens auxquels il se prête, agrandit ou diminue les espaces, que quelquefois il en laisse soupçonner que l'imagination remplit, qu'elle peuple, qu'elle orne avec plus de grace, qu'elle meuble d'objets plus agréables et mieux assortis que l'artiste le plus adroit et le plus ingénieux n'eût su faire s'il les eût créés.

Pour faire sentir encore mieux les effets du cadre, relativement aux scènes, essayons d'en peindre quelques-unes de celles dans lesquelles son existence est le plus sensible. Supposons, par exemple, une solitude au centre d'un bois touffu, tranquille et sombre retraite; éclaircissez le bois qui le renferme de manière à laisser apercevoir un objet, hors de son enceinte, qui attire le regard ; en un mot entrouvrez simplement le cadre : aussitôt le bocage perdra son principal caractère ; il ne fera plus la même impression ; il ne sera plus l'asyle retiré où le penseur aime à se recueillir et où il allait se livrer à la méditation.

Voilez au contraire la vue lointaine qui termine si agréablement cette perspective, qui la rend si riante ; rétrécissez seulement l'ouverture du cadre, vous ternirez l'éclat, vous altérerez la grace du tableau.

Abattez ces arbres altiers, ces chênes vigoureux qui couvrent les deux côteaux entre lesquels est renfermé ce vallon tapissé d'une riante verdure ; mettez à découvert le sol, les rochers, les ressauts inégaux du terrain, tout le charme d'une des plus voluptueuses scènes de la Nature s'évanouira, non pour avoir anéanti le cadre, mais pour en avoir changé la teinte et les accidens.

Voulez-vous mettre en proportion une pièce d'eau trop petite pour la scène où elle est placée ? Par des plantations ou par une île, cachez les rives trop rapprochées qui la terminent. Cette plantation qui rétrécit le cadre, cette île qui cache une partie de cette pièce, l'agrandira aux yeux de l'imagination, quoique l'étendue de sa surface en ait été réellement diminuée.

Desirez-vous faire paraître plus épais qu'il ne l'est réellement un massif continu que borne une clairière ? Donnez, par des saillies et des renfoncemens, du mouvement à sa ligne extérieure ; l'œil, trompé par le jeu de ce cadre, accordera au massif une profondeur qu'il n'a pas.

Tous ces effets si différens et quelquefois si opposés, qui en imposent aux yeux même, d'où proviennent-ils? du cadre seul. Telles sont ses propriétés que, tracé avec art, il trompe les sens ; par ses magiques effets, il est un des grands moyens de l'art. Quoique dans les tableaux de la Nature le cadre joue un rôle si important, il est communément si négligé qu'aux yeux de bien des gens, son existence et les propriétés que je lui accorde seront traitées de chimères; cependant elles ne sont pas moins réelles. Le compositeur qui ne s'en occuperait pas n'enfanterait que des fleurs froides, partielles, sans liaisons entre elles, et qui ne faisant voir que ce qu'elles montrent, laissent l'imagination inactive, et ne produisent que des tableaux isolés sans nul rapport entre eux.

P A G E 179.

(7) On trouvera dans la seconde note sur le chapitre XIII, comment un verger peut se présenter sous la forme d'un bocage et en obtenir les agrémens, non-seulement sans nuire à ses productions, mais même en les favorisant.

C H A P I T R E I X.

P A G E 192.

(1) CE n'est point ici le cas de rivaliser avec la Nature. Dans les effets de ce genre, elle seule peut captiver le regard ; elle seule peut, par ses puissans moyens, produire de vives sensations. Toute tentative

à cet égard qui aurait en vue de présenter ces accidens dont la Nature, dans ses jeux, nous offre de grands
modèles, sera nécessairement hasardée et peu heureuse. Il est donc bien peu de circonstances assez
favorables pour engager un artiste à se livrer à ce
genre de fabrique et lui faire espérer le succès qu'il
s'en promet.

P A G E 193.

(2) J'en appelle à tous ceux qui ont vu des fabriques
de ce genre : il en est peu à qui elles n'aient fourni
un bon mot, et pour qui elles n'aient été un sujet de
plaisanterie. Est-il en effet beaucoup de ces rochers
construits avec le projet d'embellir un jardin, de caractériser une scène, qui ne soient ou mesquins dans
leurs proportions, ou ridicules par leur assemblage, ou
risibles par le choix des matériaux, ou enfin insigni-
fians et presque toujours déplacés ?

Si, d'une part, on considère que les accidens de ce
genre, produits par la Nature elle-même, méritent à
peine un coup-d'œil quand ils n'ont rien d'intéressant
par leur masse, par leur forme ; et que de l'autre, tout
médiocres qu'ils sont, l'art est dans l'impuissance d'en
faire autant, quelle opinion fait prendre de son jugement, de son expérience, celui qui ose tenter de fabriquer des rochers, et qui se persuade que, par ce
moyen, il va changer le caractère d'un site ? De si
grands efforts et de si minces résultats rappellent les
hautes clameurs de la montagne qui n'accouche que
d'une souris.

Fin des Notes du Tome premier.

TABLE

DU TOME PREMIER.

Fin de la Table du Tome premier.